杜銘章 著
台灣館 ◆ 編輯製作

蛇類
大驚奇

55 個驚奇主題 &
55 種台灣蛇類圖鑑

遠流出版公司

目錄

台灣蛇類現場

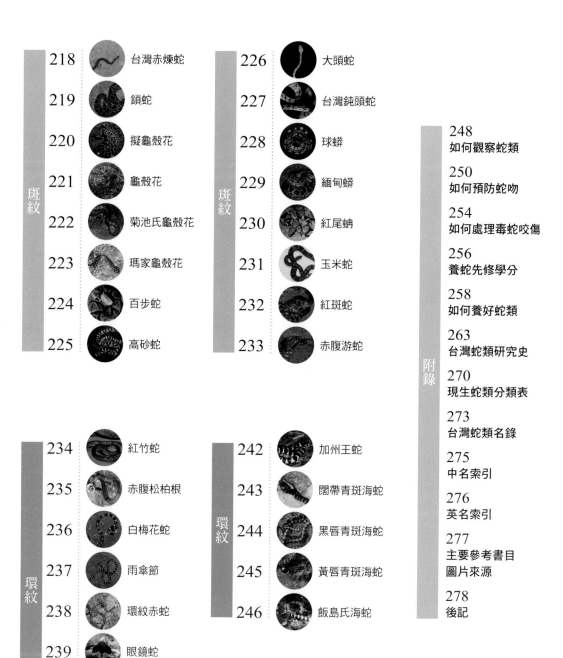

●考慮行文流暢性，關於蛇類的英文次亞目名、科名、亞科名與學名，若在「台灣蛇類現場」、「現生蛇類分類表」與「台灣蛇類名錄」中有出現者，內文中即不再夾註。

【序一】
蛇來解惑

蛇真的會吞大象嗎？

蛇會不會主動攻擊人？

人類天生就怕蛇嗎？

被百步蛇咬到的人，真的走百步就會死嗎？

　　上述是一般人在談到「蛇」的時候，常會問到的問題。而這些問題在這本書上都可以找到正確的答案。《蛇類大驚奇》的內容涵蓋面非常廣泛，除了蛇類生物學上的演化、分類地位、感官構造、生活史、生態習性的探討外，還有從文化層面切入的有趣知識，以及台灣的蛇類圖鑑、蛇毒的介紹，和如何觀察蛇、養蛇等生活化的指南。

　　作者用了很大的篇幅在各章節中討論蛇的演化適應問題，這可說是這本書最大的特點。筆者始終認為，要教人認識一種生物，從演化適應的角度切入，應該最能引起學習者的興趣。作者憑著他多年的教學與研究經驗，將蛇的大小、形態、色彩、花紋、食物種類、攝食方式、防衛、避敵、攻擊、蛇毒的來源、卵生、胎生、求偶、冬眠、呼吸、嗅覺……等等，透過有趣生動的文字，將正確的知識介紹給讀者。

　　在傳統東方社會裡，許多人的成長過程中，都會聽到長輩教導在遇到蛇的時候應儘量避開，或者將牠打死，以免牠日後去咬傷別人。就因為從小就對蛇敬而遠之，所以一般人很難有機會去了解蛇，甚至因不了解而產生很大的誤解。所以經常會有人說，那些不明不白被打死，或在路上被汽車壓死的蛇都死不瞑目。真相到底如何？讀者可在這本書上找到答案。而對蛇有困惑的人，在看過這本書之後，這些困惑也可獲得解決。

　　書中有一單元討論有關「人是否天生就怕蛇？」的問題，作者以自己的兩個小孩做試驗觀察，以證明人類並非天生就怕蛇。另外，他更利用各種上課或演講的場合，在授課前後分別作問卷調查。從超過一千份的回收卷進行分析，明白的指

出，小朋友在經過適當的解說及給予觸摸的機會，他們對蛇的誤解和恐懼感可大大的降低。類似這種作者親身的野外經驗和學術研究所得的第一手資料，就普遍分散在本書的各章節中。在其他同類的書中，相信讀者很難有機會看到這些珍貴的內容。

作者杜銘章博士是筆者以前教過的學生，目前則是同事。台灣光復後，真正積極從事於本土蛇類野外生態研究的學者，杜博士可算是第一人。過去幾年在教書及研究之餘，他有系統的進行文獻整理，同時將艱澀的研究資料轉換成通俗易懂的文字編寫成書。另外，相當難得的是，書中的照片絕大部分都是作者在野外調查研究時所拍攝的，所以非常有助於讀者在野外的辨識。不管是相關領域的學者或者是過去對蛇類有誤解困惑的人士，這絕對是一本不可或缺的書。也祈盼日後有關台灣蛇類生物多樣性的保育可以因此更上一層樓。

呂光洋

（國立台灣師範大學生命科學系名譽教授）

【序二】
遇到蛇是一種幸福

　　住家的社區緊鄰一座小山，有回中庭意外地出現了一尾臭青公的身影。住戶們被牠龐大的身軀驚嚇住，紛紛持出棍棒在社區內搜尋，但一時間無法發現，人心惶惶下，到處張貼了蛇類出沒的警告標語。

　　我剛好在這座小山做過三年的自然觀察，針對蛇類的出現，遂主動寫了一篇可能進入社區的蛇類報告，把七種自己見過的蛇，都簡短地做了描述，再分送給社區的住家。

　　基本上，我告訴大家，蛇類沒有想像的可怕，不僅很難遇見，更絕少出現被蛇主動攻擊的情形。相對的，我也提出一個積極的建設性看法。蛇是生態食物鏈較高位階的動物。牠們會在社區出現，表示我們住家旁邊的小山，是座森林資源豐富的自然環境。這是社區的珍貴財產，看到牠們，該高興都來不及呢！

　　我想，大概很少人為了讓大家認識蛇類，還會寫相關的文章，如此費心地在自己的社區宣導保護吧。只是沒想到，此事過後十年，大家對蛇的偏見仍舊存在。

　　事情是這樣的，前些時，一天早晨，有人沿著小山的步道散步，不小心遇見了一條小蛇，回來後，隨即在社區委員會的會議上提出。會中沒有人質疑蛇會不會也怕人，被咬到的機率有多高？也沒有人懷疑蛇吻是否會危害生命，或者如何處理傷患。大家竟然跳過這些可以討論的理性基本問題，直接便認定蛇是邪惡的，會咬死人的爬行動物。大家逕自提出如何防止蛇類入侵的辦法。最後決定，把靠近社區小山邊坡的樹林全剷除乾淨。未幾，那兒呈現一片小小的禿裸荒地。殊未料，七二颱風過後，邊坡竟然污泥四溢，有了初期土石流的形容。大夥兒這才感到害怕，停止了盲目的砍伐。

　　為了防止蛇出現，竟不惜大動土木，差點毀掉現有的美麗環境。我相信，這不是自己生活的社區才會出現的荒唐措施，毋寧是許多地方人士遇到蛇時，會處理的類似舉動。

　　其實，我們若仔細回想平常的生活，恐怕會發現，人們被狗咬和蜂叮的經驗，恐怕遠比蛇吻超出好幾倍，有時情況甚至更為嚴重。但緣於大家對蛇既定的偏

見、誤解，遂強化了對蛇的恐懼。這種人類對蛇既害怕又陌生的遙遠距離，也非今朝今夕才發生，而是由來已久，從各種神話、傳說、電影和民間故事等文字或影像的積非成是，逐漸累積下來的，縱使有少數的美麗傳奇，諸如經典小說《白蛇傳》來加持，多數人對蛇仍充滿負面印象。

怎樣讓大家對蛇有公平的看待，真正地了解蛇，又如何化解大家對蛇的疑慮，進而認識蛇奧妙的生態，相信都是本書作者和編輯群一開始即得面對，並且嘗試在這本書裡逐一挑戰的難題。在精心編排的章節裡，每篇精簡的短文都在有趣而生動地透露蛇所不為人知的習性，但也一點一滴地在紓解你的恐懼。最終，遇到蛇是生命的喜悅，遇到蛇是一種幸福，想必是他們編寫本書的共識吧。

我和作者素昧平生，但看到內容的翔實、完整，不免再度對自然科學工作者在野外工作、研究的長期孤獨，萌生衷心的感懷。自然書籍和圖鑑，或許不是一個學者升等論文的要件，也不是學術地位的成就指標，卻是和普羅大眾對話的重要平台，也是數十年動物觀察的智慧結晶。再者，筆者和台灣館編輯群長年交往，知道他們在編輯自然書籍與圖鑑時會遇到的困境，以及做為一個專業編輯想要超越的各種挑戰。

職是之故，我自不量力，冒昧請纓，想要勉力撰序，除了本身對蛇微妙的神祕好奇和認知外，還有多年來觀察這類書籍編纂的一些感觸。

我並不指望，這本書能全然顛覆大家對蛇的觀感，但一個社會若能出版一本成熟的蛇類專書，把這個冷門的學科精緻且通俗化時，總覺得那希望之門已經打開，我們或許可以跨出友誼的一步，跟蛇產生更貼切的互動。再深思之，假如連對十分害怕的蛇，都能嫻熟其習性，尊重其生存的權利，我們的動物保育成績應該會更值得期待吧！

（自然文學作家）

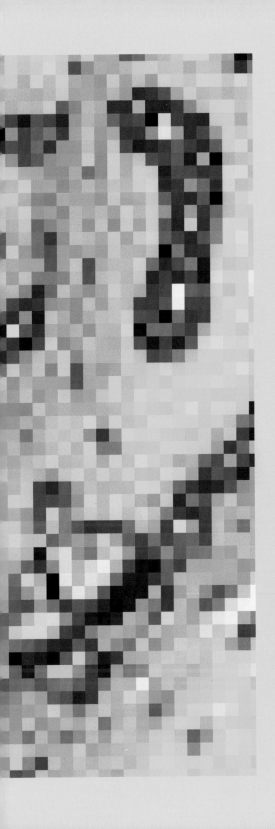

演化
大驚奇
蛇的前世今生

如何幫蛇驗明正身？

蛇蜥是蛇嗎？

蛇何時在地球誕生？

蛇從何演化而來？

什麼蛇最古老？

最早的蛇類有腳嗎？

哪些蛇較晚才演化出來？

全世界有多少種蛇？

什麼是蛇

蛇的特徵

什麼是蛇？爬行動物、四肢退化、身體細長、沒有眼瞼……，專家絕對可以繼續羅列一連串的特徵，但是這些字義恐怕都不及「令人驚慌尖叫的生物」寫實。長久以來，蛇備受誤解，背負著過於沉重的罪名，事實上牠不邪惡、不濕黏，也鮮少主動攻擊人類，你怕牠，牠或

● 蛇沒有外耳孔，只能聽見頻率較低的聲音，所以牠也聽不見你害怕的尖叫聲。

● 身形修長，脊椎骨數量 No.1！

● 蛇全身披覆鱗片，非但不黏膩，而且十分乾爽。

● 大多四肢退化，只有少數較原始的蛇類，還保留著退化的後肢。

● 尾部比軀幹短。

● 蛇的體色包羅萬象，具有保護色、威嚇、遮擋紫外線、幫助吸收熱能等功能。

許還更怕你呢！何妨鼓起勇氣看蛇一眼，你會發現，蛇的花紋如畫，身段優雅，可以上天下海，甚至潛遁地穴，其生態適應將令你大大稱奇！

- 有些蛇類具有紅外線感熱器，它可是「響尾蛇飛彈」的靈感來源！

- 分岔的舌尖是蛇嗅聞氣味的一大利器，所以當牠「吐信」時，並非向你挑釁，只是在東聞西聞。

- 蛇沒有眼瞼，所以牠不會對你眨眼睛。

- 上下顎多由軟組織相連，所以嘴巴可以張開近 180 度。

- 多數蛇類的腹鱗寬大且只有一列，和身體背側面的小鱗片易於區分。

如何驗明正身？

身體細長、沒有四肢，且具有鱗片的動物可不一定就是蛇喔！蚓蜥（Amphisbaenia）、四肢退化的蜥蜴和蛇一樣，都是爬行動物，牠們可能都起源於類似的生態環境，如密草叢、鬆軟的泥沙或水裡，由於突出身體的附肢容易阻礙活動，因而逐漸退化。

三者的外形雖然相似，但是只要觀察尾巴長短、鱗片排列，輔以外耳孔、眼瞼的有無，就能夠驗明牠們的身分喔！

● 蚓蜥（上）蛇蜥（下）都不是蛇。

類別	蛇	蚓蜥	四肢退化的蜥蜴
眼瞼	無	無	多數有
外耳孔	無	無	多數有
鱗片	覆瓦狀或交錯排列，大多數只有一列腹鱗	一環一環規則排列，無大型特化的腹鱗	覆瓦狀或交錯排列，有兩列或以上的腹鱗
尾巴	短	短	長

蛇 的 起 源

蛇類到底是由什麼動物演變而來？這個問題目前還沒有明確的答案，但蛇類的解剖構造最像脊椎動物亞門的爬蟲綱是毫無疑問的。現生的爬蟲綱之下分成四個目，分別為龜鱉目、喙頭目、有鱗目和鱷目，其中有鱗目之下又分為蚓蜥、蜥蜴和蛇亞目。因為蛇類的各項特徵最接近其他有鱗目的動物，所以蛇類可能和其他的有鱗目動物源自於共同的祖先，或是起源自其他的有鱗目動物，如蚓蜥或蜥蜴。

四肢退化的有鱗目是祖先嗎？

外形上，蛇類最像蚓蜥和四肢退化的蜥蜴，所以蛇類可能從牠們演變而來，似乎是一個非常合理的推論。然而，雖然大多數的蚓蜥和蛇一樣，不具有四肢，但牠們的鱗片排列方式以及表皮構造，和蛇的差異極大，而且牠們都是右肺退化，不像蛇類是左肺退化，因此學界一般不認為蛇是由蚓蜥演變而來。

而目前所知最原始的蜥蜴具有四肢，並且在全世界 20 科的蜥蜴之中，只有 6 科具有四肢退化的種類，加上退化後再演化回來，是一件較困難的事情，因此四肢退化，顯然不是蜥蜴原祖的特徵，而是少數種類因長期生活於地底下或密草叢的環境，才演化出來的。至於這些具有四肢退化的蜥蜴類群，如鱗腳蜥科（Pygopodidae）、雙足蜥科（Dibamidae）、裸眼蜥科（Gymnophthalmidae）、腰帶蜥科（Cordylidae）、蛇蜥科（Anguidae）以及石龍子科（Scincidae），牠們的親緣關係都很遠，並非都來自同一個祖先，也就是說四肢退化的特徵，在蜥蜴類群裡曾獨立演化了好幾次。這個現象弱化了，蛇是由沒有四肢的其他有鱗目動物演化而來的可能性，因為四肢退化並不是一件困難的事，而且有些四肢退化的蜥蜴，可能

●學界一般並不認為蚓蜥是蛇類的祖先。上圖為斑紋蚓蜥。

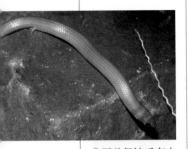

●目前仍缺乏有力的證據支持蛇是由某一群四肢退化的蜥蜴演變而來。圖為澳洲的鱗腳蜥。
（Mark O'Shea 攝）

是在蛇之後才演化出來的。再加上目前缺乏有力的證據，支持蛇就是由某一群四肢退化的蜥蜴演變而來，所以這個看似合理的推論，也未受到太多的支持。

● 蛇類很可能是由早期的某一類巨蜥演化而來。

巨蜥是祖先嗎？

在中東地區曾發現一隻長約一公尺的完整動物化石，年代隸屬於中白堊紀（9600萬年前～9400萬年前），取名為 "Pachyrhachis problematicus"。由其種名可知這是一個還有問題的種類，考古學家不確定這是一隻蛇的化石，還是一隻身體延長的巨蜥（Varanoid）。牠的脊椎骨和肋骨都像白堊紀出土的另一類稱為「肥蛇」的化石蛇（Pachyophis），而上下顎的結構則很像現今的蛇類，但頭骨卻像巨蜥。此外，亦曾發現一些白堊紀時期的化石種類，介於蛇和巨蜥之間，有些仍具有未退化完全的後肢和腰帶。雖然現生的巨蜥都有明顯的後肢，但在白堊紀時有不少巨蜥的四肢也退化，或因生活在海裡而成鰭狀，加上現生巨蜥分岔的舌頭、上下顎的構造及牙齒遞補的方式都和蛇類相似，因此不少學者認為，蛇類很可能是由早期的某一類巨蜥演化而來。

蛇起源於何種環境？

　　除了蛇之外，進一步觀察其他四肢退化的四腳類生活在什麼環境，也有助於我們對蛇的起源環境做出合理的推測。四腳類是兩生類、爬行動物、鳥類和哺乳類的統稱，牠們大多具有四隻腳，只有少數的種類有四肢退化的現象，包括蛇、蚓蜥、少數蜥蜴，和一些生活在水中或泥裡的兩生類，如蚓螈、鰻螈或兩棲鯢等。目前學者推論蛇的起源環境，不外乎陸上的密草叢、水裡和地穴底下三類。通常在這些緻密的環境活動時，突出身體的附肢反而容易阻礙行動，所以為了適應生存，附肢便逐漸退化掉。

　　但是，蛇類源自陸地的想法幾乎已被放棄，因為除了四肢退化的特徵符合密草叢的環境壓力之外，蛇退化的眼瞼、消失的外耳孔和這類環境並不相關，而且沒有其他證據支持這個推論。蛇源自水裡的可能性比源自陸上高，因為除了退化的眼瞼、消失的外耳孔和具有眼窗的構造，符合水的環境壓力之外，有一類白堊紀晚期的化石蛇類（Simoliophis），在具有海洋沉積物的環境被發現。許多白堊紀時期的巨蜥或體型非常像蛇的化石，也都在類似的環境發現。不過，回到水裡生活的許多四腳類都還保有四肢，因此這個推論也沒有受到完全的接受。

　　蛇源自地穴的想法則受到較多學者的支持，因為退化的四肢、眼瞼、外耳孔以及眼睛視網膜的構造，還有強化的頭骨以利於在地底下鑽行前進，都符合這樣的環境適應。但蛇類上下顎和頭骨鬆垮的連接，並不吻合穴居的適應，不過這個鬆垮的連接，也有可能是後來才演化出來的特徵，因此有些學者推測，蛇類可能源自水和地穴的組合環境，亦即鬆軟潮溼的泥地。

●蛇類可能源自鬆軟潮濕的泥地。

●蛇類源自密草叢的推測幾乎已被放棄。

蛇 的 演 化

蛇類何時開始在地球的舞台上曝光？所有的蛇類中，什麼蛇最古老？哪些蛇又較年輕？毒蛇何時出現？其實，藉由化石出現的地質年代、身體構造，以及現生蛇類的地理分布，可以推敲出不同類群的蛇，演化的先後順序。

線索一：化石

最早的蛇類化石是兩塊脊椎骨的化石，發現於西班牙的上白堊紀岩層，距今約 13500 萬年前。考古學家可以確定那是蛇類的脊椎骨，但無法鑑定種類。最早具有種名的蛇類化石是 13000 萬年前的三塊蛇類脊椎骨，發現於非洲的撒哈拉沙漠，命名為 "Lapparentophis defrenni"。

一般來說，化石出現的年代愈早，代表較早演化出來。目前已發現的化石顯示，盲蛇次亞目出現於 5500 萬年前，屬於第三紀的始新世；而原蛇類群出現於 8000 萬年前的白堊紀晚期；新蛇類群則出現於 3600 萬年前，屬於第三紀的漸新世。其中盲蛇次亞目因個體小、骨頭較脆弱，較難形成化石，所以牠們在地球上出現的時間，可能有被低估的嫌疑。

此外，新蛇類群中的蝙蝠蛇科和蝮蛇科，是最主要的毒蛇類群，牠們最早的化石均出現在約 2350 萬年前的中新世，而新蛇類群中的黃頜蛇科只有部分種類有毒，此科最早的化石出現年代比

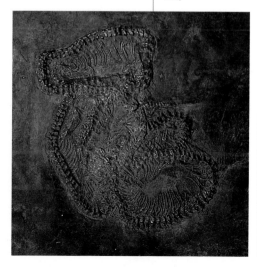

●化石是推敲蛇類演化順序的線索之一。

●原蛇類群多仍具有一小段退化的後肢。圖為球蟒。

●盲蛇腹部的鱗片幾乎和體鱗一樣小，屬於較原始蛇類的特徵。
（鄭陳崇 攝）

蝙蝠蛇和蝮蛇稍早，大約在 3500 萬年前的漸新世。三者的化石都比最早的無毒蛇類化石（約 8000 萬年前的白堊紀晚期）出現的晚，所以毒蛇比較可能是後來才由其他蛇類演化而來，而不是一開始就由非蛇類演變而來。

線索二：身體構造

身體構造也能提供演化先後的線索。較早演化出來的蛇類，腰帶或後肢還沒完全退化掉，盲蛇次亞目和原蛇類群的蛇多還保有腰帶的遺跡，甚至也有尚未完全退化的後肢；但新蛇類群已完全喪失這些痕跡。其次，盲蛇次亞目腹部的鱗片幾乎和體鱗一樣小，而原蛇類群的腹鱗已明顯大於體鱗，但仍沒有新蛇類群的腹鱗那麼發達。還有，較原始的蛇類左肺退化的程度較小，而較晚才演化的蛇已完全喪失左肺了。

線索三：地理分布

地球上的陸地在白堊紀時期和現在的狀況不一樣，一些南半球的陸塊，如南美洲、非洲、澳洲、馬達加斯加島、

●白堊紀時期，陸塊尚未完全分離，此時已演化出來的蛇類，較易擴散至各個陸塊。

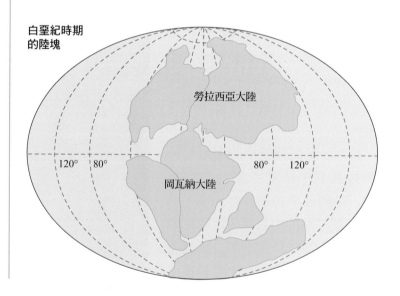

白堊紀時期
的陸塊

勞拉西亞大陸

120°　80°　80°　120°

岡瓦納大陸

印度半島尚未完全分離，而北美洲和歐亞大陸則相連在一起，隨著時間的遞變才逐漸形成現今的五大洲。早一點演化出來的蛇類，在陸塊尚未四分五裂時較容易擴散到各個陸塊，所以其分布較容易是世界性的；至於陸塊分離後才演化出來的蛇類，則可能無法擴散到特定地區。比方澳洲大陸完全沒有新蛇類群中的蝮蛇科蛇類，可能因為蝮蛇是在澳洲大陸分離之後，才演化出來的種類。又如原蛇類群中的蚺蛇一般只出現在美洲新大陸，舊大陸多由蟒蛇所佔據，但馬達加斯加島上卻有蚺蛇，因此蚺蛇可能在南美洲和非洲分開以前就已演化出來。另外，北美洲的蛇類組成較接近遙遠的歐亞大陸，和鄰近的南美洲差異反而較大，南美洲的蛇類組成則較接近非洲、澳洲和印度及東南亞。這些現象反映了早期南北美洲兩大陸塊分離的情況。

　　綜合以上證據，動物學者認為盲蛇次亞目和原蛇類群的蛇是較原始的蛇，而新蛇類群之中，數量最多的黃頷蛇科和其他的毒蛇則較晚才演化出來。

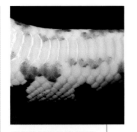

●原蛇類群的腹鱗雖比體鱗大，但仍比新蛇類群的小。

●新蛇類群的腹鱗非常發達，比體鱗大得多。
（Gregory Sievert 攝）

現今的陸塊

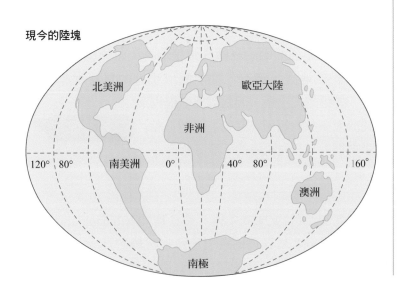

北美洲　　歐亞大陸

非洲

120° 80°　南美洲　0°　40° 80°　　160°

澳洲

南極

蛇的分類

現生的蛇類約有 2760 多種，一般相信，牠們可能來自共同的祖先，因此同被歸在動物界脊椎動物亞門爬蟲綱有鱗目的蛇亞目。在蛇亞目之下，有學者主張分為盲蛇和真蛇次亞目兩大支系。不過，也有一些系統分類學者主張分為 3 個次亞目，亦即盲蛇、蚺蛇、新蛇次亞目。再往下的分科，學者的意見更為分歧，有的認為應分成 31 科，但目前較常接受的是分成 15～17 科。本書採用較簡單的分類方式，將現生蛇類分成 2 次亞目 15 科。

盲蛇家族

盲蛇次亞目包括齒盲蛇、盲蛇和細盲蛇三個科，總共約 300 種。本亞目的英名為 "Scolecophidia"，由 "Scolec" 和 "ophi-" 組合而成，前者的意思是蟲，而 "ophis" 代表蛇。由此可推知，牠們的外形像細長的小蟲或小蚯蚓。

盲蛇次亞目分布在全世界的熱帶和亞熱帶地區，都是非常特化的小型穴居蛇類，因為長期生活在地底下，視覺很差，眼睛不像其他的蛇類具有癒合的透明眼窗，而是直接隱藏在頭部的鱗片之下，有些種類甚至是盲目的。牠們頭部前端的吻鱗通常很發達；頭骨也較結實，以利於在地底下鑽行。牠們都以小型的無脊椎動物為食，如螞蟻或白蟻，因此嘴部結構也不同於大多數的蛇類，譬如上下顎不能張得很大，左右兩邊的下顎骨癒合。

蛇亞目

真蛇家族

真蛇次亞目約 2400 多種，英名為 "Alethinophidia"。其中 "alethinos" 為真正的意思，意指這群蛇具有一般人所熟悉的蛇類特徵，譬如嘴巴可以張開很大、多數種類具

有透明的眼窗、腹鱗明顯較大等。牠們的生活環境遠比盲蛇類多樣化，是蛇類從原始的起源環境走上陸地的代表，這個類群包含了一些原始的蛇類如蚺蛇，和最後才演化出來的蛇類如蝮蛇。各科之間的親緣關係還沒有一致的看法，應該分成幾個科也常有變動，但大致可分成較原始的原蛇和晚近才出現的新蛇兩大類群。

原蛇類群包括筒蛇科、圓尾蛇科、閃鱗蛇科、穴蟒科、蚺蛇科、熱帶蚺科和圓島蚺科。其中前四科在白堊紀中期就已經出現了，但牠們該歸在哪一科常有更動。譬如棲息於南美洲的筒蛇（*Anilius scytale*）外形類似東南亞的管蛇（*Cylindrophis*），而管蛇常歸在圓尾蛇科內，所以長久以來，這三科都歸在圓尾蛇科，最近則將筒蛇獨立為新的科，而管蛇仍歸屬於圓尾蛇科。新蛇類群包括瘰鱗蛇科、黃頜蛇科、穴蝰科、蝮蛇科和蝙蝠蛇科。除了瘰鱗蛇科，其他四科均含有毒蛇，但黃頜蛇科只有部分種類有毒，其餘三科則每個種類都有毒，但並非每種都能致人於死。

●（Gregory Sievert 攝）

盲蛇次亞目

原蛇類群

真蛇次亞目

新蛇類群

構造大驚奇

蛇的身體密碼

海蛇真的能翻船嗎？

全世界最大的蛇有多大？最小的蛇有多小？

蛇有骨頭嗎？

蛇鱗和魚鱗一樣嗎？

蛇經常在地上爬行，會不會磨破皮？

蛇如何蛻皮？

蛇會變色嗎？

綠色的蛇泡久了為什麼會變成藍色？

蛇為何一直吐信？

蛇會眨眼睛嗎？

蛇的世界是彩色的嗎？

眼鏡蛇真的聽得到弄蛇人的笛聲嗎？

蛇為何總是能準確地攻擊獵物？

響尾蛇飛彈和響尾蛇有關嗎？

蛇的腸道也彎來繞去嗎？

誰是全世界最毒的蛇？

蛇 的 尺 寸

蛇究竟有多大呢？自古以來，東西方社會皆有一些關於巨蛇的傳說，譬如巴蛇吞象、海蛇翻船等。而且，當人們在描述所看到的蛇時，通常會不自覺地誇大蛇的體型。事實上，大多數的蛇類，身體全長都在 150 公分以內，而目前所知，最大的蛇類化石，也不過和現生的巨蚺或大蟒蛇相當而已。

誰是最長的蛇？

少數的蛇確實可以長達 6 公尺，相當於兩層樓房高，例如：南美洲的水蚺（*Eunectes murinus*）、亞洲的網紋蟒（*Python reticulatus*）、非洲岩蟒（*Python sebae*）和澳洲

●盲蛇是最小的蛇類。

●南美洲的水蚺是全世界數一數二的巨蛇。
（Carol Foster 攝）

的灌木蟒（*Morelia amethystine*）。然而，經常可以長到 6 公尺以上的蛇，只有網紋蟒一種。網紋蟒最長的紀錄是 10.1 公尺，如果是動物園圈養的個體，可以長到 8 公尺左右。

若將體重因素考慮在內，水蚺其實比網紋蟒更容易讓人產生巨大的感覺。一條 6 公尺左右的水蚺，體重通常超過 100 公斤，體圍寬達 1 公尺，相當於一個人將雙手環抱。而網紋蟒則通常得長到 8 公尺長，才有這麼粗的體圍。

有關水蚺體長的傳聞非常多，曾被報導過的最長紀錄是出現在 1907 年的 18.9 公尺，這條巨蚺在河岸爬行時，被巴西皇家砲兵隊的一位上校團長射殺；另外也有長約 16 公尺的記載，但可靠性皆有待商榷。較常被接受的最長紀錄是 11.4 公尺，如果是正確的話，則水蚺可說是現今世界上最巨大的蛇。不過仍有些生物學家持保留態度，他們認為水蚺不可能超過 10 公尺，野外發現的水蚺最大的多只有 7 公尺左右，而大多數的個體其實都在 5 公尺以內。

相較於巨蛇，細小的蛇所受到的注意就少得多。其實要斷定蛇的最短體長紀錄並不容易，因為必須先確定被測量的標本，是否已達到最大的生長限度。有許多種盲蛇的體長都只有 10 公分左右，因此 10 公分大致是現生蛇類最小的尺寸。

大塊頭好處多？

長相巨大似乎好處多多，因為不論是食物、棲息地或配偶的爭奪，都佔盡優勢，而且體型大到一個程度之後，天敵也不敢來招惹。其實大個體需要較多的食物，蛇類雖然是冷血動物，所需要的食物比溫血動物少很多，但如果要維持 100 公斤以上的體重，仍需要相當數量的食物。而且巨蛇的動作緩慢，不易追捕到獵物，只能等獵物靠近，再出其不意的襲擊，因此只能生活在獵物數量較多的地區。此外，冷血的特性亦限制了大型蛇的分布範圍。大蛇需要足夠的熱能，才能將龐大的身體加溫到適合活動的體溫，因此只能分布在熱帶地區。至於中小型的蛇類，競爭資源和禦敵的能力雖然較差，但食物的需求較少，體溫的調節也較靈活快速，分布範圍反而較為廣泛。

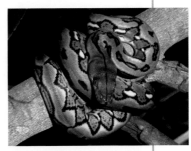

●巨大的網紋蟒需生活在溫暖和獵物數量較多的地區。
（Wolfgang Grossmann 攝）

蛇的形態

蛇類的體態和其他動物相比，毫無疑問是屬於細長型，但自個兒相比之下，有的蛇特別細長，有些蛇則顯得粗短。此外，蛇類的橫切面也不都是圓的喔！不論橫看側看，蛇的形態都和棲息環境、攝食方式息息相關。

粗細長短各有理

通常在樹上活動的種類體型較細長，牠們經常跨越不連續的樹枝，而且愈往上爬，樹枝的支撐力愈小，因此必須拉長身軀、減輕重量，例如台灣的大頭蛇或長鼻綠瘦蛇（*Ahaetulla nasuta*）。然而，同樣是樹棲蛇類，亞馬遜樹蚺（*Corallus caninus*）以及綠樹蟒（*Chondropython viridis*），外形似乎不像前述的種類那麼細長，但是如果和其他的蚺蛇或蟒蛇相比，也算細長了。

其次，攝食的方式也會影響蛇類的粗細長短。陸上一些遊獵型的蛇，活動非常快速，體型也較細長，像台灣的過山刀、美洲的鞭蛇（*Masticophis*）和棲息於非洲至中亞的花條蛇（*Psammophis*）。而坐等型的蛇類都呈現短胖的身軀，如多數的蝮蛇（Viper）、蟒蛇（Python）和蚺蛇（Boa）。有趣的是，蝙蝠蛇科的蛇多屬於遊獵型的蛇，具有細長的身體，但是在澳洲沒有蝮蛇，有些蝙蝠蛇科的蛇，如棘蛇（*Acanthophis*）便取代蝮蛇的生態地位和攝食方式，結果棘蛇的長相和多數蝮蛇一樣短胖。

●大頭蛇的身體細長，有利於攀爬和跨越樹枝。

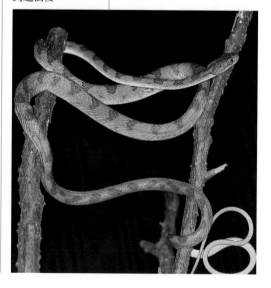

●坐等型的翹鼻蝮
身軀短胖。
（Peter Mirtschin 攝）

●棘蛇取代了蝮蛇
的生態地位和攝食
方式，結果也長得
胖胖短短的。
（Peter Mirtschin 攝）

圓扁平尖露端倪

　　大多數人可能都會直覺認為蛇類身體的橫切面是圓的，其實這樣的形狀反而較少，因為圓形和地面接觸的面積很小，不利於爬行。只有地底下活動的蛇，橫切面才多呈圓形。因牠們經常藉助短且鈍的尾部往後推，使身體得以前進，在往前推進的過程中，身體不免和四周的砂土摩擦，而圓形的剖面，可以降低接觸面積，減少摩擦的阻力。

　　多數蛇的橫切面呈半橢圓形，即腹面是平的，而背面則略成圓弧狀，接觸面積增加許多，如台灣常見的紅斑蛇、南蛇、青蛇和紅竹蛇。海蛇身體的橫切面則常呈縱橢圓形，身體左右側扁可以增加與水的接觸面積，因此海蛇的身軀左右擺動時，所產生的反作用力增強，前進的推力亦加大。海蛇的尾巴甚至進一步變成平板狀，以提升游泳的能力。台灣的闊帶青斑海蛇更特別！當牠在陸上爬行時，身體的橫切面呈橫的半橢圓形，但在海裡時則呈縱的橢圓形。而樹棲蛇類的橫切面也是左右側扁，類似縱橢圓形，只是下面較平、上面較尖。因為樹蛇經常要跨越相隔兩端的樹枝，如果身體的橫切面太寬，懸空的身體中央易向下彎曲；相反的，橫切面愈窄愈易支撐。

蛇的橫切面

穴居蛇類

圓形

多數蛇類

半橢圓形

海蛇

縱橢圓形

樹棲蛇類

似縱橢圓形

骨氣十足

蛇的骨骼與肌肉

蛇的身形修長，脊椎骨數目想必驚人。人類只有 32 塊脊椎骨，而蛇類的脊椎骨少則 160 塊，最多甚至可達 600 塊以上（如分布在所羅門群島南端的盲蛇 *Ramphotyphlops angusticeps*）。因此，蛇類堪稱是世界上脊椎骨最多的動物，牠的脊椎骨和肌肉構造，和其他脊椎動物有何異同？

脊椎骨分化不明顯

由於四肢退化，使得蛇的脊椎骨構造不同於具有四肢的脊椎動物。因為不需要讓四肢穩定附著的胸帶和腰帶，所以蛇類的脊椎骨分化不太明顯，也就是說，其頸、軀幹、腰或薦椎的區分並不顯著。例如：蛇只有寰椎（Atlas）和軸椎（Axis）兩塊頸椎，為了適應經常鑽洞的需求，有些穴居蛇類，如圓尾蛇科的寰椎已和頭骨結合在一起。

蛇沒有胸骨，所以牠的肋骨從脊椎骨延伸，到側面接

●蛇類是脊椎動物中具有最多脊椎骨的類群。圖為龜殼花的骨骼標本。

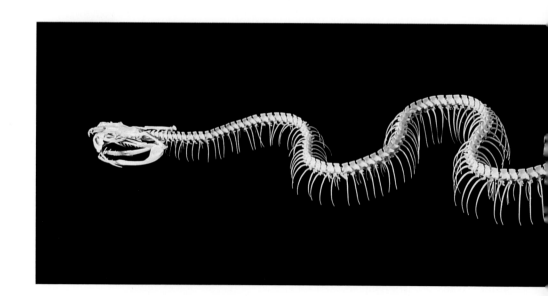

近腹鱗的地方，就變成軟骨，並且包覆在肌肉和結締組織內。蛇的肋骨可以在肌肉的牽引下向內外移動，進而改變體腔的體積，以進行呼吸作用。有些蛇類的肋骨可以外張的角度特別大，身形因而較扁平，如台灣的斜鱗蛇、擬龜殼花和眼鏡蛇。東南亞的金花蛇（*Chrysopelea*）甚至可以將全身的肋骨向外擴張，使整個身體變成扁平並略向內凹，當牠們從高處躍下時便可騰空滑翔。

完美的凹凸結合

在缺乏四肢的情況下，蜿蜒身體是較有利的活動方式。為了有效的蜿蜒而行，蛇的身體已明顯變長。增加脊椎骨的數目，或延長每一塊脊椎骨的長度，都可以讓身體變長，但前者還可以增加身體彎曲的幅度，所以蛇類主要是利用增加脊椎骨數目的方式來延長身體。只有少數的樹棲蛇類，例如棲息於東

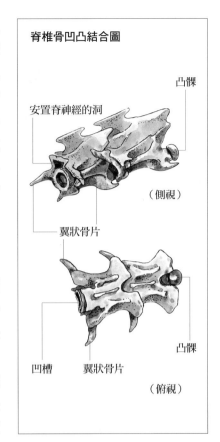

脊椎骨凹凸結合圖

凸髁

安置脊神經的洞

（側視）

翼狀骨片

凹槽　　翼狀骨片

凸髁

（俯視）

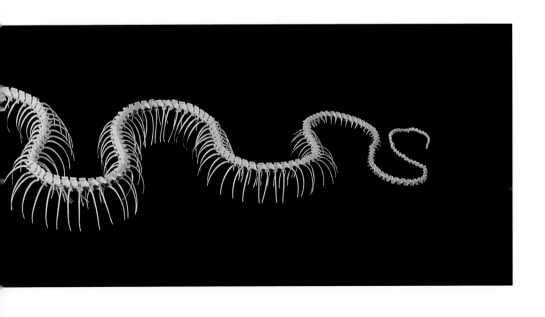

●脊椎骨的數目愈多，可彎曲的幅度愈大。

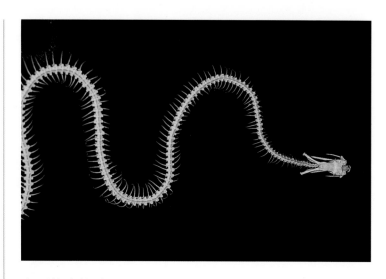

南亞的瘦蛇（*Ahaetulla*），除了擁有較多的脊椎骨，每一塊脊椎骨也比一般的蛇類長一些。

脊椎骨多，又經常做彎曲的動作，較易產生脊椎骨脫離位置的傷害，因此每個脊椎骨都必須緊密結合。但是，又不能完全喪失彎曲的特性，利用「凹槽」與「凸髁」的結合，正可兼顧上述需求。蛇的脊椎骨前方有個半圓形的凹槽，而後方則有個半圓形的凸髁，前一個脊椎骨的凸髁，剛好塞入後一個脊椎骨的凹槽。脊椎骨的上方有個洞貫穿前後，是安置脊神經的地方。神經外圍的骨頭向左右各延伸出兩片扁平的「翼狀骨片」，而且左右各有兩處可以讓前後脊椎骨嵌合的凹凸構造，所以每兩個脊椎骨相接的地方，共有五個凹凸嵌合之處。再加上脊椎骨外包覆的結締組織和肌肉，就可以防止脊椎骨在彎曲時，產生脫離的情況。

五處凹凸嵌合的構造，雖讓相接的兩個脊椎骨不易脫離，但也限制了它們左右或上下彎曲的幅度。每兩個脊椎骨之間，左右能彎曲的角度只有 10～25 度，而上下約 12～13 度。雖然每兩節脊椎骨能彎曲的幅度有限，但只要多幾節脊椎骨，例如 40 節，就可彎到 60 度以上。

骨骼和肌肉的親密關係

　　蛇的脊椎骨和肋骨、肋骨和肋骨之間，以及肋骨和皮下
或腹鱗之間，都有各種「肌肉束」相連。經常每一小段落
內，就有 20 束以上的肌肉，讓蛇可以做許多複雜的動作
和不同的爬行方式，例如樹蛇抓到鳥時，部分的肌肉收縮
纏繞，使鳥窒息，同時附近的肌肉又必須拉開肋骨，以利
呼吸，至於其他部位的肌肉，也得負責收縮纏好樹枝，才
不會掉下來。

　　不同習性的蛇類，脊椎骨和外附的肌肉自然有差異，以
適應活動的需求。經常快速活動的蛇類，脊椎骨的凸髁會
小一點，以增加彎曲的靈活度，附著在脊椎骨之間的肌肉
束也較長，可以橫跨 30 節的脊椎骨，因此牠們能夠快速
的蜿蜒爬行。每個彎曲的 S 形大一點，就好比我們加大步
伐的距離，做較快速的運動。善於將獵物絞死的蛇類，則
需要加大身體彎曲的角度和收縮的強度，因此牠們的肌
肉，所橫跨的脊椎骨數量會少一點，如蟒蛇類約只橫跨
15 節脊椎骨，而且每兩個脊椎骨之間，也有發達的肌肉
相連，便於彎曲。

護身法寶

蛇的鱗片

蛇類經常被冠上濕濕黏黏的惡名，其實蛇的鱗片上缺乏腺體，因此蛇的身體反而十分乾燥，完全不濕黏。雖然同樣叫鱗片，蛇身上的和魚身上的卻相差甚遠！即使和同是爬行動物的鱷魚相比，也不盡相同。

琳瑯的鱗片

蛇鱗是由表皮層的角質蛋白堆積而成，魚鱗卻是由真皮層所形成，外表還包覆著薄薄的表皮層。因此魚鱗一旦刮落，便會造成病菌侵入組織的門戶，蛇鱗則無此番顧慮。至於鱷魚的鱗片和蛇鱗有何不同呢？差別在於蛇類只有表皮鱗片，所以看起來較單薄；而鱷魚背部的表皮鱗片之下，還有對應的真皮骨板，且骨板還產生向上突出的縱向冠板，所以特別厚實。

除了瘰鱗蛇（*Acrochrodus*）的鱗片呈顆粒狀外，蛇類的鱗片均呈薄片狀，有的光滑，有的則具有稜脊。鱗片的名稱隨部位而定，大小亦有差異，其中頭部的鱗片最

●鱷魚背部的鱗片看起來特別厚實，因為牠的鱗片之下還有對應的真皮骨板。

體鱗 ——

腹鱗 ——

尾鱗 ——

尾下鱗 ——

肛鱗 ——

●蛇鱗是由表皮層的角質蛋白堆積而成，缺乏腺體，因此全身乾爽而不黏膩。

（Gregory Sievert 攝）

複雜，有的頭頂全都是小鱗片，有的則可細分成十幾種的大型鱗片，包括「吻鱗」、「鼻鱗」、「上唇鱗」等。身軀背面的鱗片大多一致，稱為「體鱗」，每一種蛇的體鱗列數多半固定，或只在小範圍內變動。而同一隻蛇，身體前、中、後段的鱗列數可能一樣，也可能不相同。腹部的鱗片一致稱為「腹鱗」，除了少數蛇類（如一些海蛇和盲蛇）的腹鱗不發達，難以和體鱗區別外，多數蛇類都只有一列覆瓦狀的大片腹鱗。覆蓋在泄殖腔上的鱗片稱為「肛鱗」，有些蛇的肛鱗和其他的腹鱗一樣呈單片，有些蛇的肛鱗則分為左右兩片。泄殖腔之後的部位是蛇的尾巴，覆蓋背面的鱗片稱為「尾鱗」，但腹面的鱗片則稱為「尾下鱗」，有些蛇類的尾下鱗只有一列，有些則分為左右兩列。

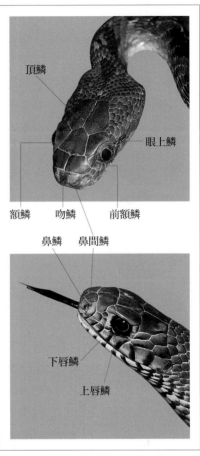

頂鱗

眼上鱗

額鱗　吻鱗　前額鱗

鼻鱗　鼻間鱗

下唇鱗

上唇鱗

多重的功能

　　鱗片是蛇類接觸外界環境的最前線！它的基本功能是保護生物體內脆弱的組織，維持內在環境的恆定，有利於生理運作。其次，鱗片若變得堅硬或產生硬棘，可以減少被掠食者傷害的程度，如果進一步特化，則有助於求偶或將自己隱身在環境內，不易被天敵或獵物發現。鱗片和外界接觸所產生的摩擦力，則是蛇類往前推進的動力，所以也具備運動的功能。鱗片的色彩則具有隱身或警告的功能，其內的感覺神經，當然也讓蛇類能感觸到外界的變化。

　　此外，蛇的腹鱗和內臟器官之間，具有規則的對應關係，亦即同一種蛇，其心、腎、脾、膽或肝臟等，常對應在特定的某幾列腹鱗上，所以只要建立這些資訊，以後就

●蛇類頭部的鱗片可以作為鑑定種類的依據。

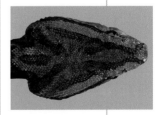

●有些蛇類的頭頂全都是小鱗片，圖為龜殼花。

●各式各樣的蛇鱗：
光滑、具強棱脊、
具弱棱脊、顆粒狀。
（由上至下）

可從腹鱗推知其內在器官的位置。而且，多數蛇類的每一列腹鱗或每一對尾下鱗，都對應到一節脊椎骨，所以只要計算腹鱗和尾下鱗的橫列數，就可知牠們的脊椎骨數目。一些原始的盲蛇，則是每兩列腹鱗才對應到一節脊椎骨。

對於系統分類學者而言，鱗片更是鑑定各種爬行動物的重要依據！牠們的鱗片數和排列方式，經常受到遺傳的控制，因此同一種類常具有穩定的鱗片特徵，所以體鱗列數、鱗片是否有突起的棱脊、頭部各種鱗片的存在與否或數目等，皆可作為鑑定種類的線索。不過，外界的環境也可能改變鱗片的特性，例如有些蛇類在低溫孵化時，身體和頭部的鱗片數目有減少的現象。

特化的鱗片

為了適應不同的環境，有些蛇的鱗片產生特化的現象，例如：響尾蛇的響環、豬鼻蛇的吻鱗、釣魚蛇的觸鬚等。

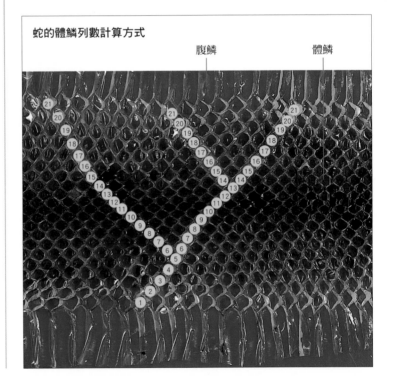

蛇的體鱗列數計算方式

腹鱗　　　　　　體鱗

響尾蛇的大名來自其尾部特化的鱗片——角質環節。當牠遇到危險時，便會顫動尾部，發出聲響警告敵人。穴居或經常挖掘泥土的蛇類，其位於頭部最前端的吻鱗，常變尖或特別大，以利於鑽入地底下。例如美洲的豬鼻蛇（*Heterodon*）即因特化上翹的吻鱗像豬鼻子而得名；南非的小盾鼻眼鏡蛇（*Aspidelaps scutatus*）也因經常挖掘泥沙，而有類似的吻鱗。有些蛇類的鱗片特化和繁殖有關，譬如台灣的飯島氏海蛇，雄蛇性成熟後，吻鱗便明顯向下突起，雌蛇則無。求偶時，雄蛇會持續用吻部，碰觸雌蛇的頸背部，刺激雌蛇的交配意願。

有些特化的鱗片具有破除頭部的輪廓，增加隱蔽的效應。譬如馬達加斯加島上的葉鼻蛇（*Langaha*），經常一動也不動的停棲在蔓藤細枝之間。牠的身體細長，吻端向前突出的特化鱗片，讓牠更容易隱匿於樹叢枝條之間。不過，雌蛇的突出構造比較複雜，兩性的差異暗示此特化也許和性擇亦有關聯。還有東南亞的釣魚蛇（*Erpeton tentaculatum*），完全以魚類為食，牠的吻部兩端，各有一根向外突出的觸角狀構造。許多年來專家一直認為，這對特化的鱗片可以誘引魚類，所以稱其「釣魚蛇」。但新的觀察發現，這對觸角無法有效擺動和吸引魚類靠近，而且觸角裡面沒有神經細胞，所以也不具觸覺功能。釣魚蛇經常在水裡靜止不動，頰部的兩條黑色斑紋連接到觸角的基部，專家推測觸角也許能協助破除頭部的輪廓，讓魚類不易發現釣魚蛇的存在。當不知情的魚類游近其頭部時，釣魚蛇便能瞬間攻擊捕食。

●響尾蛇尾部特化的角質環節。

●豬鼻蛇吻鱗特化上翹，貌似豬鼻。

●葉鼻蛇吻端向前突出的特化鱗片，可能具有破除頭部輪廓的功能。

●釣魚蛇的吻部兩端，各有一根向外突出的觸角狀構造。

（Gernot Vogel 攝）

防水外衣

防水外衣

蛇的表皮

防止水分流失，是生物登陸生活時必備的招數之一。蛇類的表皮和其他的爬行動物一樣，具有防止水分蒸散的功能，這是牠們比兩生類更適應陸上生活的重大改變之一。

層層組合的表皮

蛇類的表皮和其他脊椎動物一樣，都是由外層的「表皮層」和內層的「真皮層」組合而成，前者來自胚胎發育時期的外胚層，後者來自胚胎發育時期的中胚層。

表皮層由外向內大致分為三層。最外層由 β 角質蛋白構成，較硬而不易彎曲，即一般爬行動物的鱗片；第二層由 α 角質蛋白構成，柔軟易延展，譬如鱗片之間的柔軟皮膚或烏龜脖子的外表皮。以上兩層都是死細胞的角質層，最內一層則是活細胞，稱為「生長層」（stratum germinativum），能不斷進行細胞分裂。

真皮層則由富含膠原纖維的結締組織、血管和淋巴網、神經細胞和色素細胞所組成。真皮層和下面的骨頭或肌肉連結的緊密程度，視部位而有所差異。可能連結得很緊密，如在頭部或尾部；也可能很鬆弛，如在身體的部位。所以蛇皮在身體的部位很容易剝離，但在頭部幾乎剝不開。

●蛇鱗一撐開，α 角質層便顯露出來。

防水分蒸散的窗口

過去科學家一直以為，表皮中最外層的鱗片，也就是 β 角質層，是防止水分散失的主要構造，因為這一層較硬且厚，

又覆蓋多數的皮膚表面，而鱗片間
柔軟的 α 角質層則是水分散失的窗
口。然而，在科學家測試沒有鱗片
的突變種蛇類之後，這樣的想法有
了改變。

　　沒有鱗片的突變蛇，缺少最外層
的 β 角質層，而具有 α 角質層，
但是其水分蒸散的速率，和同種的
正常個體並沒有差別。如果只用牠

●沒有鱗片的突變
蛇，其水分蒸散率
和正常個體一樣。
圖為無體鱗的德州
鼠蛇。

們蛻下來的皮（只有薄薄的 α 角質層）和正常的皮（含
α 和 β 兩層角質層）做實驗比較，水分蒸散速率也都一
樣。經過多重實驗之後，現在已知 α 角質層內的脂肪才
是防止水分蒸散的主要構造，這個脂肪層的完整程度和厚
度，會影響水分散失的速率，所以即使同樣是蛇，防止水
分蒸散的能力也各有千秋。有些水棲蛇類，如瘰鱗蛇
（Acrochrodus），其水分從表皮散失的速度，高達陸棲蛇
類，如響尾蛇的十倍之多。

●鱗片間的 α 角質
層柔軟而易延展。

　　有些在乾燥地區生活的蛇類，會將鼻腔分泌的油脂塗抹
在鱗片上，如埃及的馬坡倫蛇（Malpolon）和棲息在非洲
至中亞的花條蛇（Psammophis）。牠們的塗抹行為非常有
規則，而且可在身體表面來回塗抹近百次才停止。一般認
為這樣的行為有助於降低水分的蒸散。

　　防止水分散失的能力，除了常因不同的棲息環境和種
類，而有很大的差別之外，同一種蛇年幼時，也可能因脂
肪層未發展完好，而有較高的失水速度。有些蛇類出生
後，會暫時聚集在溼度較高的洞內，等到第一次蛻皮後才
逐漸往外爬走，可能和此有關。筆者曾經測試加州王蛇剛
孵化的幼蛇和第一、二次蛻皮後的個體，其表皮失水的速
率。結果發現第一次蛻皮後失水的速率立刻變成原來的一
半，第二次蛻皮後的失水速率也稍有下降的趨勢，但幅度
已不像第一次那麼大。

●瘰鱗蛇的水分散
失快，所幸牠的鱗
片呈顆粒狀，縫隙
有助於留住水分。

脫胎換皮

蛇的蛻皮

蛇皮好比蛇的外衣，長大了或是久經磨損，理當換一件新的。因此在蛇的一生中，總是會歷經幾回「脫胎換皮」的過程。

蛇蛻無時

多數的蛇類在出生後兩三天左右，就會蛻第一次的皮。台灣的赤尾青竹絲和菊池氏龜殼花多在出生後一週內蛻皮，但也有些個體在一天內就蛻皮。另外，有些種類的蛇則要一個月左右才蛻皮。初生仔蛇蛻皮的快慢，和生態環境或生理發育有何關連，則還有待進一步的探討。

宋代蘇頌的《圖經本草》曾記載：「蛇蛻無時，但著不淨即蛻，或大飽亦蛻。」羅願的《爾雅翼》也提到：「草居常飢，每得食，稍飽輒復蛻殼。」古人顯然已觀察到蛇蛻的不規則性，及受攝食生長和表皮磨損的因素影響。

●赤尾青竹絲蛻皮時，緩緩爬過突出物，借力蛻下整張表皮。

除此之外，蛇到新環境或受傷時也較常蛻皮。還有一些蛇類常在生產前一週左右蛻皮，如王蛇（*Lampropeltis getulus*）；另有一些則在生產後不久蛻皮。

蛇如何蛻皮

蛻皮前，表皮層最基部的生長層會增生細胞，並在生長層和上面的角質層之間，產生油狀的液體，以利舊皮蛻換。所以蛻皮前，蛇的體色變得模糊慘淡，原本透明清澈的眼睛，也變成乳白色。在這段過渡期間，蛇的視覺變差，所以會暫停活動隱藏起來，許多平常很

溫馴的蛇類，此時也變得較容易反擊眼前的干擾。數天後，眼睛才會恢復清明，然後再隔幾天就開始蛻皮。

蛇蛻皮時，首先會藉助周遭堅硬的物體，將舊皮從吻端磨下來，再緩緩爬經突出的石塊或樹枝等物品，以便卡住舊皮而蛻下。蛻下的舊皮就像我們脫襪子那樣，從裡向外翻了出來，包括舊的眼窗也一起蛻下，宋代的《本草衍義》即曾記載：「蛇蛻從口退出，眼睛亦蛻。」

健康的蛇通常會蛻下完整的皮；反之，蛻皮若很破碎代表蛇並不健康。蛻下來的皮因為各鱗片之間是分開的，不像在蛇的身上時，鱗片呈覆瓦狀排列或緊密的靠在一起，所以會比較大，其長度經常超出蛇的全長20%以上。蜥蜴和蛇一樣也會蛻皮，但因有四肢阻隔無法完整蛻下，而且很多蜥蜴為了節省能量，或預防敵害發現其活動的處所，會將舊皮吃掉。蛇不會吃掉舊皮，所以在野外撿到蛇蛻，遠比看到蜥蜴的皮屑容易。

●平常的黃唇青斑海蛇體色鮮明。

●蛻皮前的黃唇青斑海蛇，體色變得模糊。

●蛇的蛻皮通常很完整，包括眼窗，一起從裡向外翻蛻。圖為加蓬膨蝮的蛻皮。

●蜥蜴和蛇一樣會蛻皮，但因有四肢阻隔，無法蛻下完整的皮。圖為雪山草蜥。

黑背海蛇利用打結蛻皮

黑背海蛇的生態習性很特別，牠們經常隨著洋流在海面上漂流，偶爾也會出現在台灣附近的海域。在長期漂流的過程中，許多海洋動物會在其表皮附生，如藤壺或茗荷介，為了擺脫這些附生動物，黑背海蛇的蛻皮頻度特別高，平均三週左右就會蛻一次皮。在大洋上漂流，不易找到堅硬的物品幫忙將舊皮卡下來，因此黑背海蛇便發展出獨門的打結工夫，藉著打結再將結解開時，身體相互摩擦的行為，將皮蛻換下來。

蛇的體色

蛇的體色和花紋形形色色，例如一身綠、黃色圓斑、藍色環紋、棕色縱帶或全黑的體背等。有些種類的體色一致，但有些則不一定，變化頗大，此時就無法依據體色特徵來辨識種類。這些色彩花紋各有功用，比方保護色、威嚇、遮擋紫外線、幫助吸收熱能等。

體色如何形成？

蛇身上各式各樣的斑紋和顏色，是色素細胞所包含的各種顏色，和光線穿透表皮時反射出物理色，彼此交互作用的結果。

蛇的色素細胞大多位於真皮層內，只有一些小型的黑色胞（Melanocyte）位於表皮層，所以蛇的蛻皮大多呈透明或淡白色，少數則留下淡淡的痕跡。蛇具有四種主要

●綠樹蟒的成蛇主要呈綠色，但幼蛇卻可能呈黃色。

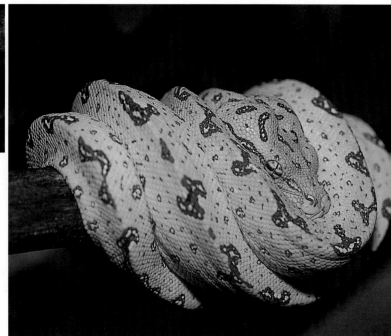

的色素細胞：黑色素細胞
（Melanophore）、黃色素細胞
（Xanthophore）、紅色素細胞
（Erythrophore）和虹色素細胞
（Iridophore）。其中黑色素細
胞是脊椎動物最廣泛存在的色
素細胞，可以因黑色素的多寡
和細胞在真皮層的深淺，而產
生黑、棕，或甚至黃或紅色的
效果。黑色素細胞又可分成黑
色素細胞和黑色胞兩種，前者

●彩虹蚺的表皮隨
著不同的角度，反
射出不同金屬光澤
的物理色。
（鄭陳崇 攝）

比後者大得多，且常有分支上達表皮層和真皮層之間。黃
色素細胞和紅色素細胞，都含胡蘿蔔素和類胡蘿蔔素，因
不同的色素比例而顯現出黃、橘或紅色。

虹色素細胞內含無色透明的嘌呤結晶，可以反射和折射
光線，但其本身並無色素，所以是否歸在色素細胞內，一
直有不同的看法。當虹色素細胞埋在真皮層的較深處時，
只有短波長的光線還能反射出來，因而呈現藍色，原理和
深海是藍色的一樣。不過只有極少數的蛇是藍色的，譬如
台灣的闊帶青斑、黑唇青斑和黃唇青斑海蛇。倒是有不少
蛇是綠色的，畢竟綠色是極佳的保護色，而其成因則是蛇
的體內兼具黃色素細胞和虹色素細胞，且前者疊在後者之
上，其他的波長較長的光線被吸收之後，僅剩短波長的光
線反射出來，再經過黃色素細胞，便產生綠色的效果。綠
蛇死亡後如果浸泡在酒精內，經過一段時間便會變成藍
色，那是因為黃色素是脂溶性的，蛇死後這些色素也逐漸
崩解，而且在酒精內更易溶解，最後僅剩虹色素細胞產生
的藍色效果。

除了虹色素細胞利用光線反射出不同的物理色之外，許
多鱗片光滑的蛇類，其表皮也會反射光線，而呈現出不同
的「彩虹色」。這種色彩會因表皮結構、厚度和反射角度

●綠色是極佳的保護色，所以有不少蛇是綠色的，圖為青蛇。

●臭青公的幼蛇（上）和成蛇（下）體色、花紋均不同。

等變因，而反射出變化多端的金屬光澤，蛇類爬行時或人從不同的角度觀看，光澤就不同，好比孔雀的尾扇和一些蝴蝶翅膀上閃爍的虹彩。

蛇會變色嗎？

蛇可以像變色龍一樣快速變色嗎？答案是很少。目前可靠的報告，只有草原響尾蛇（*Crotalus viridis*）可以在一、兩分鐘之內，體色由深變淺或由淺變深；中南美洲的林蚺（*Tropidophis*）和馬達加斯加蚺（*Sanzinia*）則需要一小時以上來改變體色的深淺。體色的深淺控制在許多動物都是一樣的原理，位於真皮層的黑色素細胞，在靠近表皮層的地方會有突出的分支，當黑色素擴散到此，動物的體色就變深；如果黑色素集中在細胞的底部，體色就較淺。

蛇類的體色在更長的時間內，隨著季節或年齡而逐漸改變的例子則較常見。比方歐洲的極北蝮（*Vipera berus*），在春天交配季時雄蛇常會蛻皮，同時體色變得較明亮。也有許多蛇類，在幼小時花紋很鮮明，長大後黑色素逐漸累積，整隻變成黑褐色，花紋不明顯；或反過來黑色素變少，原來的明顯黑色斑紋在長大後，變得不明顯甚至消失。綠樹蟒（*Chondropython viridis*）、台灣的南蛇、臭青公和紅竹蛇等，都是幼蛇的花紋和成蛇不一樣的例子。綠樹蟒的成蛇主要呈綠色，但幼蛇卻可能呈黃色或棕紅色，通常在六個月後才會逐漸變成綠色。

顏色不見了

蛇 的 白 子

就像許多動物一樣，蛇偶爾也會出現一些白化的突變個體，而且有不同形式和程度的突變。觀察蛇的白子，哪些顏色和原來的不一樣？可以更了解色素細胞和體色的關係喔！

不同類型的白子

黑色素不見了是最常見的體色突變，稱為「白化」。其突變基因屬於隱性基因，亦即子代必須自父方和母方，各遺傳一個隱性基因，才會顯現出白化的特徵。此時突變個體的表皮變得較透明，體內血紅素的紅色也變得較明顯，而使體色呈淡粉紅，眼睛部位亦變紅色，因此紅眼睛的白化個體，應是一般人較熟悉的例子。

白化個體依據其殘留的色素，又可分成
幾種類型。如果原本有斑紋
的地方還有紅色
素存在，

●紅眼睛的白化個體較常見（上），眼睛仍呈棕黑色則較少見（下）。

稱為「紅化白子」；有些個體則只剩黃色素，稱為「黃化白子」，顏色較不鮮豔，且多呈紅橘色或黃橘色；有些個體全身的表皮和視網膜的色素都消失，稱為「完全白化」，這時牠們全身為白色，只有眼睛因血紅素而呈現紅色。

● 不同類型的白子：玉米蛇紅化白子（上），緬甸蟒黃化白子（下）。

還有更少數的突變個體是全身呈白色，但眼睛卻是正常的棕黑色，這種突變是因為視網膜上的黑色素仍存在，而表皮則缺乏所有的色素。

野外的白蛇族群

在物以稀為貴的需求下，白化個體常成為寵物市場的寵兒，且在人類的刻意栽培下生生不息。然而，在自然環境中，白化或其他顏色突變的個體，多數難以存活，因為牠們的外形實在太醒目了！不是容易被獵物發現，難以找到食物；就是容易被天敵發現而遭捕殺；萬一有幸長大了，還常因長相太奇怪而找不到配偶，不容易繁衍後代。

日本鼠蛇（*Elaphe climacophora*）的白化族群，是目前唯一在自然環境中有大量白化個體的例子。這種蛇廣泛分布在日本的四大島（本州、四國、九州和北海道），在本州島西南邊的岩國市（Iwakuni）則有大量的白化個體。日本政府在 1927 年，將岩國市白蛇生存的地區定為「天然紀念物」，當時估算白蛇的數量約 1000 隻左右，到了1966 年再估算時，只剩約 150 隻。為了挽救衰退的族群，日本政府隨即在 1967 年成立一個繁殖中心，並在 1972年，進一步將白蛇也列為「天然紀念物」嚴加保護。岩國市政府除了擁有這些白蛇的所有權，也擁有保護區內白蛇

的肖像權，要公開展示這些白蛇，甚至只是牠們的圖片，
皆須先向岩國市政府申請許可，才不至於觸法。

●日本鼠蛇的野外
白化族群，受到嚴
密的保護，此張照
片由岩國市政府提
供且經核准刊登。

●日本鼠蛇的正常
個體。（Akira Mori 攝）

白化親代為何繁衍出正常子代？

　　照理說，兩個白化的個體配對，應該只會繁衍出白化的子代，但為何有時卻會出現
正常花紋的子代？理由是，控制同一顏色的基因，不一定是單一基因。以黑色素為
例，它的產生是一系列生化反應的結果。假如在產生黑色素的過程中，是由化合物 A
經 B，再變成黑色素 C，則任一步驟出了問題，都無法產生黑色素。譬如在外觀上，甲
和乙都是白化個體，其中甲缺少將化合物 A 轉成 B 的正常基因，但有兩個將 B 轉變成
C 的正常基因；而乙則有兩個將 A 轉成 B 的正常基因，卻少了將 B 轉成 C 的正常基因。
假若甲和乙交配，牠們的子代丙在掌管化合物「A 變 B」和「B 變 C」的基因上，都會
分配到一個正常的顯性基因和一個突變的隱性基因。只要各有一個正常基因，A 就可
以順利變成 B，B 也可以轉變成黑色素 C，因此其子代丙的外觀是正常的。

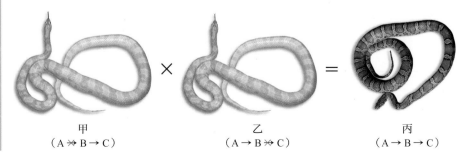

甲　　　　　　　　　乙　　　　　　　　丙
（A ⇸ B → C）　　　　（A → B ⇸ C）　　　　（A → B → C）

吐信 聞氣味 嚐出味道來

蛇的嗅覺與味覺

提到嗅覺，我們自然會想到用鼻子聞，蛇類和我們一樣，具有鼻孔和鼻腔，可以透過吸氣的方式，聞到空氣中的化學分子，但令人意想不到的是，蛇類其實更常利用「吐信」的方式聞氣味！

吐信非挑釁

如果用慢動作放映蛇的吐信行為，將發現牠分岔的舌頭，在空中不斷的上下擺動，此時空氣中的化學分子便會沾黏其上。有些學者推測，蛇可能還可藉由兩邊舌尖沾到的分子數量不同，進而分辨氣味的方向來源。蛇縮回舌頭時，先將化學分子傳送至口腔下方的柔軟組織，然後這片柔軟組織再往上頂到口腔上緣的「傑克森氏器」（Jacobson's organ），並從其上的兩個小開口，傳入化學分子進行分析，再將訊息傳至腦部。傑克森氏器是位於口腔上方的盲囊，裡面有很多化學感覺細胞，過去科學家一直以為蛇的兩個舌尖，剛好可以伸入它的兩個小開口，並將化學分子送入囊內分析，現在已知並非如此。這個器官在 1811 年被丹麥的科學家傑克森（Ludwig

●當蛇伸出舌頭不停地上下擺動時，表示牠正在東聞西聞。

●蛇的上頜吻鱗有一個小凹缺，所以在閉嘴的狀態下仍可吐信。

Levin Jacobson）以自己的姓氏命名，它其實也存在哺乳類的鼻腔內，稱為「犁鼻器」。

蛇是以嗅覺為主的動物，一旦有任何風吹草動，牠們就會趕快吐信聞一聞，為了適應這個經常性的吐信動作，蛇的上頜吻鱗處有個小凹缺，所以在閉嘴的狀態下，仍然可以吐信。有些人認為蛇很邪惡，是因為牠們會不斷的吐信，其實只要明瞭蛇吐信的原因，即會深深為牠們抱屈。以視覺為主的人類，恐怕從來都沒想過，僅是眨眨眼睛就被評為邪惡的感受罷！

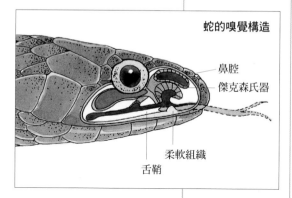

蛇的嗅覺構造

鼻腔
傑克森氏器

柔軟組織

舌鞘

嚐不出味道的舌頭？

陸生脊椎動物的味覺感受器，通常位在舌頭或口腔內的皮膜上，蛇的舌頭為了嗅聞氣味，已特化成細長分岔的形狀，而且在吞嚥食物的過程中，舌頭也沒有參與攪拌食物的動作，因此在蛇的舌頭上，不太可能有化學感受器。不過，學者已陸續在細盲蛇科蛇類和一些海蛇口腔上中間的皮膜，發現兩行味覺感受器，除此之外，海蛇在上下頜牙齒的內側皮膜，也各有一行味覺受器，因此部分的蛇類應該還是可以嚐出食物的味道，只是並非透過舌頭罷了。

視力大不同

蛇的視覺

蛇類的視力差異很大，有些視力一級棒，有些卻全盲。而且蛇類的視覺構造或運作的方式，和血緣相近的蜥蜴有很大的差別。雖然「蛇類的祖先源於穴居」的論點還有些許爭議，但不少學者認為這是造成視覺紛歧的主因。當蛇的祖先由穴居、視力已退化，再回到地面棲息時，部分視覺構造已無法完全復原，因而逐漸演化成不同的形式和運作方式。

不眨眼的視覺構造

蛇的視覺構造特殊之處，在於牠沒有眼瞼，所以牠不會眨眼睛。但是多數蛇的眼睛具有「眼窗」保護，也就是一層特化透明的鱗片，會隨著蛻皮時更新。其次，多數蛇的睫狀肌也沒有完全恢復，只侷限在虹彩的基部，而且並未和水晶體相連，所以這些蛇類無法像蜥蜴、人類一樣，藉由睫狀肌的收縮或舒張，來改變水晶體的凸扁，以達到對焦的效果。牠們對焦的方式和魚類、兩生類相似，必須藉由睫狀肌收縮時，增大水晶體後方玻璃體的壓力，而將水晶體往前推，才能看清楚靠近的物體。蚺蛇科的蛇睫狀肌甚至完全退化，根本看不清靠近的物體。

●水蚺經常埋伏於水面下，眼睛有上移至頭頂的傾向。

●瘦蛇的瞳孔特化成水平鑰匙孔形狀，可眼觀四方。

此外，蛇類視網膜上的感光細胞也有多樣的組合變化。穴居的盲蛇和夜行性的一些蛇類只有「桿狀細胞」，例如美洲的夜蛇（*Hypsiglena*）和琴蛇（*Trimorphodon*）；日行性的蝙蝠蛇和黃頷蛇類，則只有對強光和色彩才有感應的「錐狀

細胞」，已知其中有些蛇的錐狀細胞，對紅、綠和藍光有感應，所以牠們應該具有彩色視覺；蚺蛇和蝮蛇類的蛇則同時具有桿狀和錐狀細胞。

●通常日行性的蛇類，瞳孔呈圓形（右）；夜行性蛇類的瞳孔則呈垂直狀（左）。

瞧眼睛猜習性

不同的蛇類在適應不同的環境時，視覺的變異程度很大，牠們的眼睛大小、位置以及瞳孔的形狀，和生活習性有相當程度的關連。

水棲或穴居的蛇類視覺不發達，眼睛的比例都很小，像盲蛇類甚至只剩一個小黑點，隱藏在頭部鱗片之下，牠們可能只感應到明暗，而沒有辦法看到影像。陸棲蛇類，尤其是樹棲的蛇類視覺較發達，眼睛的比例明顯較大。蛇的眼睛一般位在頭的兩側，以增大偵測的視野。經常埋伏在水或細沙底下的蛇，眼睛則有上移至頭頂的現象，如台灣的水蛇、南美洲的水蚺（*Eunectes murinus*）和非洲那米比沙漠的侏儒膨蝮（*Bitis peringueyi*）。

一般日行性的蛇類瞳孔呈圓形，而垂直如貓的瞳孔，則常是夜行性的蛇類。垂直的瞳孔在夜間時可以開成圓形，增加光線進入的量；白天休息時則可以關成小縫隙，避免強光的干擾。不過，有一些夜行性的蝙蝠蛇類，瞳孔是圓的，也有一些在白天活動的歐洲的蝮蛇仍具有垂直的瞳孔。有些樹棲的蛇類，如東南亞的瘦蛇（*Ahaetulla*），瞳孔已特化成水平的鑰匙孔形狀，大幅增加了視覺範圍。

●蜥蜴有眼瞼，可以閉眼睛。

驚聲尖叫聽不見

蛇 的 聽 覺

從外觀上，看不見蛇的耳朵，所以牠是聾子嗎？明朝李時珍的《本草綱目》在卷四十三的〈諸蛇〉內曾提到：「其耳聾」，而西方的老俗語也說：「像蝮蛇一樣聾」（as deaf as an adder）。這些形容都不甚正確，其實蛇還是聽得到聲音，只是聽覺較差罷了。

大打折扣的聽覺構造

陸地上的脊椎動物之所以能聽到聲音，是因為空氣中的聲波進入外耳後，促使鼓膜振動，而這個振動再藉由鼓膜後的中耳骨（哺乳動物的是鎚骨、砧骨和鐙骨）拉動內耳上的卵圓窗，再將這些小振動傳入耳蝸內的淋巴液，然後不同頻率的振動會使基膜上不同部位的感覺纖毛彎動，低頻的聲音傳得遠，會彎動離卵圓窗較遠的感覺纖毛，而音量的大小則造成感覺纖毛彎曲的程度不

●蛇沒有收集聲音的外耳孔，但同屬爬行動物的蜥蜴具有外耳孔。

同。感覺纖毛彎曲後，會產生神經衝動傳到腦部，進而聽到不同頻率和音量的聲音。

蛇的聽覺構造和一般的陸生脊椎動物不同，牠沒有外耳孔、外耳道和鼓膜，聲波須藉由牠的肌肉組織或下顎骨傳遞到方骨，再傳到相當於人類鐙骨的中耳柱，然後再經卵圓窗傳入內耳。因為缺乏靈敏的鼓膜和特化的中耳骨協助，蛇的聽力自然大打折扣。

狹窄的音頻範圍

雖然藉由耳蝸神經的動作電位研究，得知美洲的帶蛇（*Thamnophis*）和水蛇

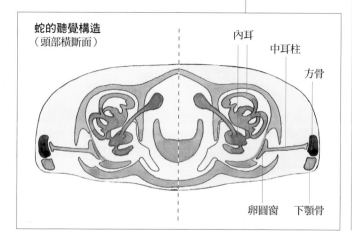

（*Natrix*）可以聽到 100～700 Hz（每秒週波）的聲音，但蛇較敏感的音頻範圍通常在 200～500Hz，而人類則可以聽到 20～20000Hz 的頻率範圍，愈低和愈高頻的聲音需要愈大的音量才聽得到。一般而言，鼓聲的頻率約為 200Hz，而鈴噹聲約 4000Hz，人類說話的頻率範圍則為 100～8000 Hz，但多數講話的頻率落在 400～3000Hz 之間，所以蛇可以聽到一些鼓聲，但多半聽不見人類講話的聲音，特別是女生驚恐時發出的尖叫聲，蛇類可是完全聽不見呢！

●蛇可以聽見低頻的鼓聲，但女生高頻的尖叫聲，牠可是充耳未聞。

蛇的聽覺構造
（頭部橫斷面）

內耳
中耳柱
方骨
卵圓窗
下顎骨

蛇與其他動物的聽覺範圍比較

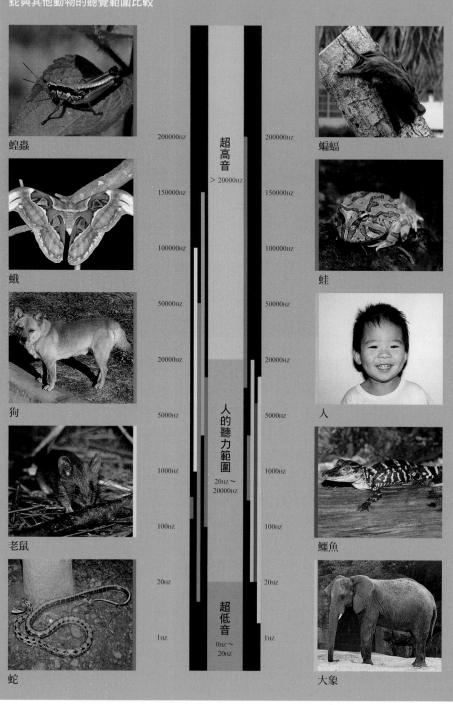

蝗蟲

蛾

狗

老鼠

蛇

超高音
> 20000Hz

人的聽力範圍
20Hz～
20000Hz

超低音
0Hz～
20Hz

200000Hz
150000Hz
100000Hz
50000Hz
20000Hz
5000Hz
1000Hz
100Hz
20Hz
1Hz

200000Hz
150000Hz
100000Hz
50000Hz
20000Hz
5000Hz
1000Hz
100Hz
20Hz
1Hz

蝙蝠

蛙

人

鱷魚

大象

響尾蛇飛彈的靈感來源

蛇的紅外線感覺

除了視力以外，有些蛇類還能運用特殊的方式「看」見東西，即紅外線感覺，這是一種偵測熱能的感覺能力。響尾蛇亞科的蛇類、蟒蛇和蚺蛇都具有這項獨一無二的感覺器官，所以牠們能像神射手一樣，精準地命中目標。後來人類便將會追蹤飛機熱源，進而加以攻擊的飛彈取名為「響尾蛇飛彈」。

神乎其技感熱器

紅外線感熱器因位置不同，而有不同的稱呼。響尾蛇亞科在眼睛和鼻孔之間有一對紅外線感熱器，稱為「頰窩」；蟒蛇（Python）和蚺蛇（Boa）則在上唇或下唇有多處凹窩，稱為「唇窩」，雖然有些蟒蛇和蚺蛇外表看不到唇窩，但牠們對熱源顯然也很靈敏。這些蛇類的血緣相差很遠，但為了適應捕食溫血動物的需求，都各自演化出類似的感熱構造。

紅外線感熱器對熱非常敏感，其中又以響尾蛇亞科的頰窩最為靈敏，即使只有 0.003℃的溫度變化，便足以提

●球蚺的上唇有多處凹窩，能感應紅外線熱源。

唇窩

高三叉神經上的神經衝動頻度，並將訊息傳遞至腦部的視覺四疊體（Optic Tectum）。這個位置相當於哺乳類中腦的上疊體（Superior Colliculus），是視覺反射的中樞。有人曾經估算，將一隻老鼠放置在響尾蛇的頰窩前50公分，老鼠發出的熱能傳到頰窩的能量，約每一平方公分上只有萬分之一瓦，但響尾蛇仍能迅速偵測到老鼠的存在。除此之外，紅外線感熱器偵測獵物位置的準確度亦高。如果把響尾蛇的眼睛矇起來，在牠正前方或左右兩側60度以內，放置熱的物品並刺激牠攻擊，結果牠多半能準確攻擊獵物的方位，即使有偏差多數也在5度以內。

感熱細胞顯神通

紅外線感熱器的靈敏度、準確度和其構造有關，其內有一層約0.0015公分厚的薄膜，膜上有7000個左右的感熱細胞。當熱能傳達至薄膜時，感熱細胞的溫度隨即上升，並產生神經衝動。由於薄膜的前後都是空氣，因此熱能不易被其他的組織吸收而稀釋。其實，人類的感熱細胞也一樣靈敏，但這些感熱細胞多深藏在0.03公分以上的表皮裡，且和其他組織相連而非透空，所以需要至少二十倍以上的熱能，才足以讓我們的感熱細胞產生和蛇一樣的反

●位於眼睛和鼻孔之間的紅外線感熱器，稱為頰窩。

頰窩

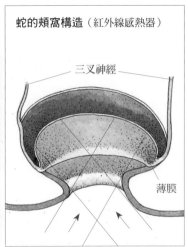

蛇的頰窩構造（紅外線感熱器）

三叉神經

薄膜

應。此外，紅外線感熱器的開口小，裡面的薄膜大，就像
針孔相機一樣，前方的紅外線熱源投射到薄膜的後方；相
反的，後方的熱源只能投射到前方。當這些感熱細胞，各
自感應到熱源而產生神經衝動時，便傳達出不同方位的獵
物訊息。

頰窩的發現歷史

「在響尾蛇的鼻孔和眼睛之間，稍微偏下方位置有一個凹窩，我本以為那是耳孔，但
這個凹窩的內室很大，且被骨板阻隔，不像耳孔有小的孔洞，蝮蛇在頭部並沒有這樣
的凹窩。」西元 1682 年，泰森（Edward Tyson）著手解剖一尾林響尾蛇（*Crotalus
horridus horridus*）後，作了以上的紀錄，這是最早有關蛇類頰窩的描述，顯示當時頰
窩的功能仍然是個謎。

一直到 1937 年，美國紐約歷史博物館的爬行動物學者，諾布爾（G. K. Noble）和史
密特（A. Schmidt），才首次以實驗證明響尾蛇的頰窩可以感熱。他們發現以布覆蓋燈
泡時，響尾蛇總是攻擊熱燈泡而不理會冷的燈泡。如果將牠們的頰窩遮起來，則不管
冷熱燈泡，牠們都不再攻擊。但此時頰窩的功能，還未被廣泛的認識，所以包布（C.
H. Pope）在同年出版的蛇書 "Snakes Alive and How They Live" 內，仍然認為頰窩的功
能應和聽覺有關。

1950 年代，美國加州大學洛杉磯分校的布洛克（T. H. Bullock）和他的同伴們，進一
步經由神經的電位變化，證實頰窩和熱的關係。他們發現不管在黑暗或光亮的環境
下，只要熱的物體出現在頰窩前，連結到頰窩的三叉神經便迅速增加神經衝動的頻
率。但當同樣的物體變涼，或在頰窩與熱物體之間，放置一片隔熱玻璃，神經衝動的
頻率便會恢復正常。如果將隔熱玻璃換成特殊的濾鏡，可見光透不過，只讓紅外線穿
透，三叉神經上的神經衝動頻率又會迅速上升。經由這些實驗，頰窩可以偵測紅外線
的功能，便得到充分的確認。

蛇的器官與系統

相較於其他的陸上脊椎動物，蛇的體型顯得格外細長，令人好奇的是，牠的五臟六腑是否會因而有所不同？其排列方式會不會像哺乳動物一樣迂迴盤繞呢？其實，身為一條蛇，大體上該有的臟器通通具備，除了些微的調整與變異外，最大的特徵應該就是具有較不曲折的「內在美」罷。

●蛇的器官系統
（腹面）

不曲折的消化系統

蛇的消化系統包括口腔、食道、胃和腸道。

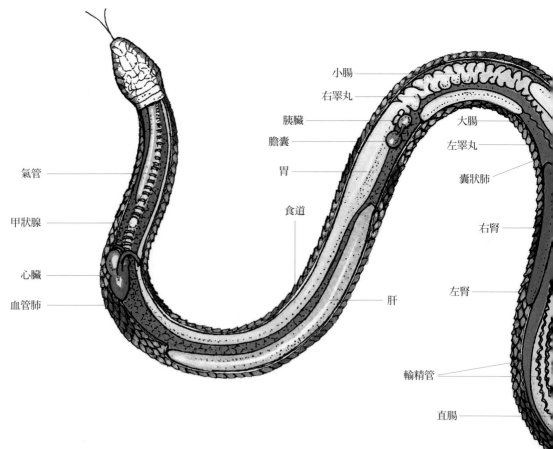

氣管

甲狀腺

心臟

血管肺

小腸

右睪丸

胰臟

膽囊

胃

食道

大腸

左睪丸

囊狀肺

右腎

左腎

肝

輸精管

直腸

蛇的口腔和其他陸上的脊椎動物類似，有許多的腺體分泌液體，以利食物往後傳送。其中有些腺體在一些蛇類已特化成毒腺（詳見 P.62「致命斷魂水」），另外衍生出制服獵物的功能。

蛇類的食道多半寬大富肌肉和伸縮性，以利大型食物經過。蛇的胃則只稍稍膨大，和食道之間也沒有賁門分開這兩段消化道，所以很難確定何處是胃的起點。通常食道只負責運送食物到胃去儲藏和消化，但蛇類的食物常很大，且未經咀嚼便整個吞下，無法全部放入胃內，因此蛇的食道還分擔儲藏的功能。不過，消化的功能仍完全由胃來執行，所以蛇類吞入的食物只會從前端先消化，經常前端的骨頭都已消化不見了，後面的身體仍完好無缺。當然，消化吸收的時間也較長，一般佔蛇的體重 20％左右的食物，在 20～25℃時約需一週的時間才能消化完成，無法消化吸收的部分則由泄殖腔排出，如毛髮、羽毛、幾丁質的外殼、蝸牛殼、蛋殼、鳥嘴和獸類較硬的爪或一小部分骨頭。

蛇類全都屬於肉食性，身體又長，腸道在體內只須稍微盤曲就放得下了，不像其他的動物須彎來繞去好幾回，因此相較於其他爬行動物，蛇的腸道和身體全長的比值較低，平均約 65％；同是

肛鱗　尾下鱗

●蛇的身體細長，又是肉食性，因此牠的「內在美」不須曲曲折折。圖為紅竹蛇。

●經常垂直攀爬的
蛇類，心臟須接近
頭部，才不至於缺
氧暈眩。

細長形的蜥蜴，肉食性的比值為 130％，草
食性則是 293％；至於短胖的烏龜，肉食性
約 183％，草食性則高達 680％。

只剩一個肺的呼吸系統

蛇類的身體特別延長，可能因為空間的限
制，常只剩一邊的肺。一些四肢退化且身體
細長的蜥蜴及蚓蜥也只剩一個肺，但牠們是
右肺退化，而蛇類則是左肺退化，只有少數
較原始的蛇類左肺沒有完全退化，如蚺蛇
科、穴蟒科和閃鱗蛇科的蛇類。

蛇類僅存的右肺延長成條柱狀，並分為前
後兩段。前段的肺內有明顯的肺泡及豐富的
血管，是氣體進行交換的地方，稱為「血管
肺」（Vascular lung）；而後段的肺稱為「囊狀
肺」（Saccular lung）或「氣囊」（air sac），其
肺壁很薄，只有很少的血管分布，並不直接
參與氣體的交換。

供給血液的循環系統

心臟的位置也常因親緣關係或棲息環境而有不同，蜥蜴
的心臟位置和蛇的相較之下，都在較前方之處，即使有些
四肢已經退化，外形像蛇的蜥蜴，牠們的心臟位置也一樣
在較前方。

陸棲和樹棲蛇類的心臟位置都較接近頭部，而水蛇與海
蛇則接近身體中央，至於半水棲蛇類與地底棲蛇類則介於
前述兩者之間。心臟較接近頭部的理由，可能和這類蛇經
常需垂直上爬或抬高頭部有關，瞬間做這樣的動作，血液
容易因重力的吸引而導致腦部暫時供血不足，就像我們蹲
一段時間後，突然站起來會暫時頭暈。心臟較接近頭部，
則可更快供血到頭部，有利於生存。

蛇 的 毒 牙

森森毒牙相當於毒蛇的注射針，擔負著將毒液傳送至獵物或敵人身上的媒介角色。蛇的毒牙其實是從一般的蛇牙所演化出來的，依據它在上頜的位置和構造癒合的程度，可以分成後溝牙、前溝牙和管牙三類。

●毒牙是蛇類注射毒液至獵物身上的利器。

前後有別的溝牙

後溝牙位於上頜後方，英名為 "opisthoglyphos"，其中 "opistho" 為後面之意，而 "glyphos" 即為溝槽，不過，有少數的後溝牙並無溝槽。後溝牙與前方的牙齒之間有明顯的間隙，這種結構有利於讓增大的牙齒刺入獵物的體內，更穩固的咬住獵物。進一步如果能分泌一些毒液隨毒牙送入傷口，加速麻痺或毒死獵物，則更能防止口中的獵物脫逃，具有後溝牙的毒蛇可能就是這樣逐步演化而成，例如台灣的水蛇、唐水蛇、大頭蛇和茶斑蛇等。

前溝牙和管牙皆位於上頜前方，因為毒牙如果位於上頜前方，可以更順利的刺入

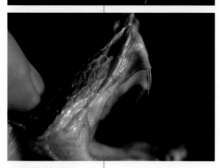

●後溝牙位於上頜後方（上）；前溝牙（中）和管牙（下）則位於上頜前方。

獵物的體內，並且注入毒液，讓獵物無所遁逃。其中，前溝牙雖然較一般的蛇牙長，但也不可能太長，否則便會刺穿下巴，因此前溝牙的長度全都在 1 公分以內，即使是最大型的眼鏡王蛇（*Ophiophagus hannah*），前溝牙也只有0.8～1 公分長；其他中小型的蝙蝠蛇，其前溝牙甚至不到 0.5 公分。前溝牙的英名為 "proteroglyphous"，其中 "protero" 是早期的意思。前溝牙都具有內凹的溝槽，可將毒液送入獵物體內，因為溝槽和牙齒外圍都具有琺瑯質，顯然構槽是由外緣的骨頭，逐漸內凹而形成。

活動靈活的管牙

　　當溝槽兩邊的骨頭緊密相接時，溝槽癒合成管狀，便形成「管牙」，英名為 "solenoglyphos"，其中的 "soleno" 就是管子的意思。有趣的是，有些毒蛇的毒牙構造介於前溝牙與管牙之間，顯示了不同程度的演化，譬如眼鏡蛇的前溝牙，溝槽兩邊才剛緊密連接；或是非洲夜蝮（*Causus*）的管牙兩邊不是癒合得很完整。

　　除了癒合的程度不同之外，管牙也明顯比前溝牙長很多。大型的蝮蛇，如加蓬膨蝮（*Bitis gabonica*），其管牙甚至超過 3 公分；即使是小型的蝮蛇，其管牙也常接近 1 公分；台灣的龜殼花，管牙長約 1.5 公分。但是牙齒過長，不是會刺穿下巴嗎？想不到管牙竟是活動的！不像前溝牙固定在上頜上。原來為了安置長牙，與管牙連接的上頜骨已變成一小塊骨頭，並能前後轉動。毒蛇嘴巴關閉時，上頜骨便轉向後方，同時將長而略呈彎曲的管牙收入

牙鞘，水平放置在口腔上緣。一旦毒蛇張嘴咬嚙，上頜骨便轉向前下方，管牙也隨之外翻出來。這樣靈活的構造顯然比固定的前溝牙，能更有效的將毒液注入獵物體內，而且只要狠咬一口，便可老神在在地釋放獵物，等獵物毒發身亡後，再循線捕食。這種攻擊方式可以避免和獵物纏鬥，減少自己受傷的可能性，對於捕食反擊能力強的獵物，如鼠類，極為有利。

●長長的管牙若固定不動，嘴巴一旦閉合，就會刺穿下巴。

　　管牙主要出現在蝮蛇和穴蝰兩科的蛇，少數蝙蝠蛇科的蛇，如澳洲的棘蛇（*Acanthophis*），也具備管牙。棘蛇不但毒牙構造像蝮蛇類，體型和攝食策略也和蝮蛇類相似，這是動物在相同的選汰壓力下「趨同演化」的例子。穴蝰則因為生活在洞穴內，嘴巴難以像蝮蛇般盡情張開，毒牙也無法朝前下方刺過去。牠們在窄小的通道內，須爬到獵物身旁（通常是蜥蜴或出生不久的幼鼠），然後微微張嘴，下頜再歪向沒有獵物的那一邊，以利上頜的毒牙刺向側後方的獵物體內。

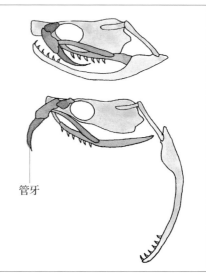

蛇的三種毒牙構造

後溝牙

前溝牙

管牙

致命斷魂水

蛇的毒液

毒蛇之所以「毒」，全因擁有致命的武器——毒液！其實，毒液的前身是無害的唾液。也許在偶然的情況下，某些蛇類的唾液變得稍有毒性，能夠更快速的制服獵物。而且當毒性逐漸增加時，這些蛇類能制服的對象也隨之增加，並可減少獵殺的時間和節省控制獵物的能量。因此唾液便逐步特化成毒液，而分泌毒液的腺體，也從口腔的相關腺體特化成為毒腺。

●蛇的毒腺構造

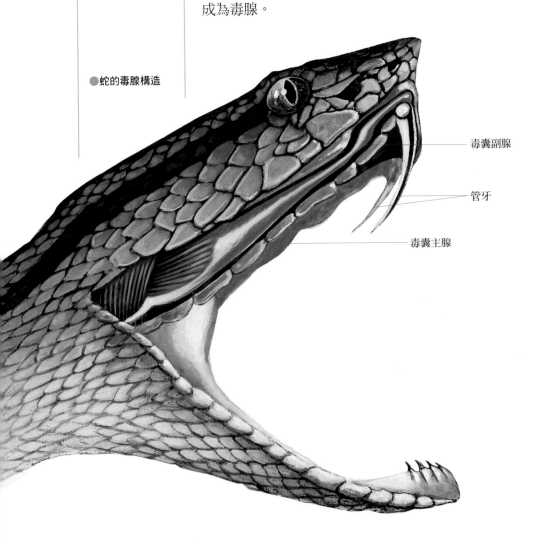

毒囊副腺

管牙

毒囊主腺

毒腺探原理

毒腺是分泌和儲藏毒液的腺體，早在 1664 年雷笛（Redi）就已發現毒腺的存在，但一直到近代，生物學家對於毒腺的結構和功能才有較清楚的認識。

多數毒蛇的毒腺是由部分的口腔黏液腺特化而來，「主腺」呈囊狀，通常位於眼睛後方的口腔上緣。有些蝙蝠蛇科的蛇類如東南亞的長腺蛇（*Maticora*）、蝮蛇科的蛇類如非洲夜蝮（*Causus*），以及穴蝰科的蛇類如穴蝰屬（*Atractaspis*），牠們的毒腺主腺則呈細長形，從口腔上緣經頸部一直往後延伸，長的甚至可以超過身體的中央。

主腺由四、五葉的分泌細胞支腺組成，分泌的毒液由各小管匯入中央的囊腔，囊腔前方延長成毒管，直達毒牙的基部。毒管起點附近週圍有「副腺」環繞，副腺除了具有閥門的功用，還可管制毒液是否流向毒牙，其分泌的物體本身雖無毒性，但具有活化毒液的功能，所以直接從毒囊取得的毒液，其毒性常沒有通過副腺的毒液那麼強。毒囊外有肌肉，當肌肉收縮時擠壓毒囊，囊內的毒液就順著毒管流到毒牙的基部。毒牙的基部外有結締組織包圍，以避免毒液溢出，只能從基部的溝槽或管口，流向牙尖的開口，再注入獵物的傷口。

●日本的赤鍊蛇是後溝牙類，有傷人致死的案例。

●具有「出血毒素」的毒蛇所咬嚙的傷口和整個附肢皆會腫脹。圖上方的手臂遭赤尾青竹絲咬傷。

後溝牙類毒蛇的毒腺較晚（1832年）才被解剖學者杜維諾依（Duvernoy）發現，又稱為「杜維諾依腺」。此腺體較像腮腺，不是由口腔黏液腺特化而來，和其他毒蛇的毒腺有些差異，內部由各分支的複合小腺和小管組成，且和腮腺一樣缺少中央導管。然而，「杜維諾依腺」卻不等同於毒腺！也就是說不是所有的杜維諾依腺都會分泌毒液，而有此腺體的蛇也不一定具備特化的後溝牙，但具有後溝牙的毒蛇就靠位於口腔後上方的杜維諾依腺，將毒液分泌出來，順著牙齒的淺溝槽進入傷口。這樣的注毒效果不及其他的毒蛇，造成的傷害也較小。許多黃頷蛇類都具有杜維諾依腺。

蛇毒識分明

蛇毒的組成非常複雜，除了有些眼鏡蛇毒和海蛇毒的蛋白質含量較少外，一般蛇毒乾重的80％以上都是蛋白質，而這些蛋白質主要的成分又是許多具催化活性的酵素。目前從蛇毒中分離出來的酵素已多達35種以上，其中有12種酵素在四科的蛇毒裡都存在。另外有些酵素只存在某些類群的蛇毒裡，例如在蝮蛇亞科的蛇毒中含有特別多的精氨酸脂酶，而幾乎沒有或完全沒有乙醯膽鹼酯酶；相反的，眼鏡蛇毒不含精氨酸脂酶，但乙醯膽鹼酯酶卻十分豐富。

蛇毒導致其他動物傷害或喪命的主要元兇，是某些酵素和其他一些非酵素的毒素，例如蛋白酶、磷脂酶、精氨酸脂酶和玻尿酸水解酶，能引起毛細血管和組織的損傷；蛋白酶和磷脂酶 A_2 可以引起促凝血或抗凝血的作用；而微血管增滲酶則能促使微血管增滲的情況，使血管內的血量

變少而導致血壓下降。

蛇毒的毒素種類非常繁多，有不少毒素還具有兩種或兩種以上的毒理作用，例如響尾蛇胺（crotamin）同時具有神經毒性和肌溶作用，但通常可簡單的分為「出血毒素」和「神經毒素」兩大類。「出血毒素」的種類較多，

●龜殼花的毒素包含出血毒素和神經毒素。

但大致上都會影響動物的血液循環系統，可以引起水腫和傷口組織或肌肉大面積出血，甚至內臟器官，如肝、肺和腸，廣泛出血而導致動物死亡。這類毒素廣泛存在蝮蛇科的蛇毒裡，蝙蝠蛇科的蛇則較少，但眼鏡王蛇的蛇毒含有出血毒素。「神經毒素」會阻斷神經傳導給肌肉的訊息，導致動物呼吸衰竭而死亡。這類毒素廣泛存在於蝙蝠蛇科的蛇毒內，少數的響尾蛇，如南美響尾蛇（*Crotalus durissus*）和台灣的龜殼花也含有神經毒素。

有趣的是，雖然不同種的毒蛇，蛇毒組成自然有差異，但同一種毒蛇也常因不同的地理分布或食物種類，而有不同的蛇毒組成，甚至同一條蛇在不同的時期，排出的蛇毒組成也有些微的差異。譬如美洲的小盾響尾蛇（*Crotalus scutulatus*），不同的族群就有截然不同的毒素，生活在亞利桑那州東邊及新墨西哥州的族群，具有很強的神經毒素，但缺少出血毒素；而亞利桑那州中部的族群，則缺少神經毒素，但具有出血毒素；棲息於交會地區的族群，則同時含有神經和出血毒素。

什麼蛇最毒？

很多人愛問：全世界什麼蛇最毒？也就是說，大家都很關心：到底被什麼蛇咬到後最容易死亡？可惜這樣的問題很難有標準答案！因為雖然蛇的毒性愈強，似乎理所當然其致命性愈高，但毒液量的多寡其實也會影響傷亡的程度；此外，被咬的人種、年齡、健康狀況、咬傷部位或咬傷後的後續醫療等，都可能影響死亡率的高低哩。

因素複雜排名難

早在 1941 年，台灣的蛇毒研究之父——杜聰明先生即注意到，雨傘節的單位毒性雖比百步蛇強很多，但被其咬傷後的死亡率（23％）並沒有比百步蛇（24.2％）高，原因就出在百步蛇的出毒量遠比雨傘節大。而在 1950 年代美國和歐洲，毒蛇咬傷的死亡率為每 10 萬人之中，死亡人數 0.2～0.5 人；在相近的年代，印度死亡率卻高達每 100 人即有 18.2 人會死亡。這樣的差距顯示，毒蛇咬傷的致死率除了和蛇種有關外，也受醫藥的完善程度和其他許多複雜因素的影響。比較印度在不同年間，不同蛇類咬傷的死亡率情形，則顯示了人為因素的影響。在 1940～1944 年和 1949～1953 年間，被蝙蝠蛇科咬傷的死亡率為：22.3％和 27.2％，而蝮蛇科是 16.7％和 6.7％。可見前者的死亡率沒有改善，而後者則明顯下降。研究者推測原因可能是，被蝙蝠蛇科的蛇咬傷後，症狀不明顯，容易延遲就醫，所以即使醫療設施已改善，影響也不大；但被蝮蛇科的蛇咬傷後，症狀很明顯，病患大多會迅速就醫，死亡率自然隨著醫療設備的改善而下降。

如果我們只比較蛇毒毒性和出毒量，就單純許多，然而我們也很難得到毒性和出毒量的精確數據。每一種

蛇，甚至每一隻蛇的出毒量大小，會因許多因素而改變。蛇的個體大小、性別、產地，都會影響同一種蛇的出毒量多寡；而同一隻蛇在咬噬時，也不是一次將毒囊內的毒液全部排出，有時也有完全不釋出毒液的情況。所以同一種蛇出毒量的大小，經常可以相差兩、三倍以上，甚至多達十倍以上，例如裂頦海蛇（*Enhydrina schistosa*）的出毒量乾重包括 7～79 毫克；東伊澳蛇（*Pseudechis textilis*）則為 2～67 毫克；龜殼花在浙江測得的出毒量為 27 毫克，而台灣曾高達 140 毫克，相差五倍之多。

●用管子套住東伊澳蛇的牙齒取毒，出毒量相差極大。
（Peter Mirtschin 攝）

毒性毒量比一比

至於毒性強弱的測定，多使用小白鼠半致死率（LD_{50}）的方法來檢定。也就是依據小白鼠體重的大小，注入若干毫克的毒液量，當受測的小白鼠們，在

●加蓬膨蝮的出毒量非常大，毒性也很強，極危險。
（Peter Mirtschin 攝）

一定的時間內（通常為 24 或 48 小時），有一半的個數死亡時，其注毒量就是評估毒性強弱的數值。數值愈小，代表毒性愈強，因為極少的毒量就足以使半數的小白鼠死亡。不過毒性的強弱，仍可能因為測試老鼠的品系或注射毒液的方式不同而有差別。注毒的方式一般有皮下、肌肉、靜脈和腹腔注射等不同的注毒方式，其半致死的毒液量也依次遞減，因此不同實驗發表的結果，並不一定能準確的比較不同蛇種間的毒性強弱。

另外，全世界近 500 種毒蛇中，經人類測試的種類也不過 100 種左右，因為不常傷人的種類通常不會被測試，所以可以說，其實我們還不知道什麼蛇是全世界最毒的蛇？未來也幾乎不會知道正確的答案。從現有的資料中倒是可以知道某些蛇的毒性特別強，例如裂頰海蛇、黑背海蛇、杜氏劍尾海蛇（*Aipysurus duboisii*）、澳洲的內陸太攀蛇（*Oxyuranus microlepidotus*）和東伊澳蛇、非洲的黑曼巴蛇（*Dendroaspis polylepis*）以及非洲樹蛇（*Dispholidus typus*）、美洲的虎斑響尾蛇（*Crotalus tigris*）、亞洲的印度雨傘節（*Bungarus caeruleus*）和鎖鍊蛇指名亞種（Daboia russellii russellii）等。牠們讓小白鼠的半致死毒量都只要 0.1 毫克／公斤以下，其中的鎖鍊蛇指名亞種、

●東部菱斑響尾蛇猛烈咬噬後，釋出的毒液足以殺死 8 個成人。

黑曼巴蛇和內陸太攀蛇的出毒量乾重，都還可以達到 100 毫克以上，是非常危險的蛇類。

出毒量較大的蛇，如非洲的加蓬膨蝮（*Bitis gabonica*）、亞洲的眼鏡王蛇（*Ophiophagus hannah*）、北美洲的東部菱斑響尾蛇（*Crotalus adamanteus*）和西部菱斑響尾蛇（*Crotalus atrox*）以及南美洲的巨蝮（*Lachesis muta*），都是一些體型壯碩的蛇，牠們的出毒量乾重可以達到 500 毫克以上，蛇毒的乾重通常只佔毒液量的 30％ 左右，所以牠們一次可以排出將近 2 克的毒液，雖然牠們的毒性一般較低，但巨大的出毒量仍讓牠們成為危險性很高的蛇類。尤其是加蓬膨蝮，其毒性也相當強，其 LD_{50} 只有 0.14 毫克／公斤，而東方菱斑響尾蛇的 LD_{50} 雖較高為 1.2 毫克／公斤，但其出毒量可以高達 850 毫克，經估算其毒液只要 100 毫克乾重的蛇毒就足以使一個成人死亡，所以牠在猛烈咬噬後，釋出的毒液足以殺死 8 個成人。

台灣毒蛇毒性比較表

種類	半致死量（mg/kg）	出毒量（mg）
黑背海蛇	0.09，靜脈	1.0 — 4.0
雨傘節	0.16，皮下；0.1，腹腔	0.5 — 13.6
黑頭海蛇	0.24，肌肉	
黑唇青斑海蛇	0.30，肌肉	
黃唇青斑海蛇	0.34，皮下	6 — 14.2
闊帶青斑海蛇	0.34，皮下	2 — 14
眼鏡蛇	0.67，皮下	23.4 — 574
青環海蛇	0.67，靜脈	5.0 — 80
鎖蛇	1.4，皮下；0.29，腹腔	4.7 — 83.2
赤尾青竹絲	4.0，皮下；2.0，腹腔	0.6 — 30.3
龜殼花	8.6，皮下；2.9，腹腔	6.6 — 140.9
百步蛇	9.2，皮下；4.9，腹腔	16.7 — 460

●台灣的毒蛇共有 22 種，包括較常見的海蛇和毒性較弱的後溝牙蛇類，其中毒性被研究過的只有 12 種。

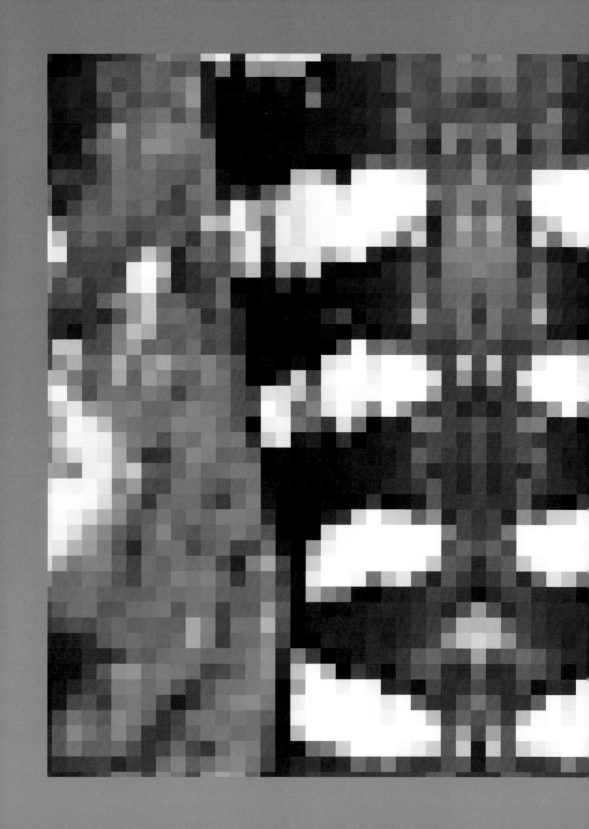

生活史大驚奇

蛇的生活紀事

蛇是大胃王嗎？

蛇會吃人嗎？

蛇可以分解螃蟹嗎？

毒蛇自己會不會中毒？

蛇吞食大獵物時，為何不會噎死？

蛇可以爬多快？

蛇會追人嗎？

蛇為何要曬太陽？

冬天是不是就不用怕蛇會出沒了？

如何分辨蛇是男生或女生？

雄蛇的陰莖為何稱為半陰莖？

蛇如何找到另一半？

蛇會爭風吃醋嗎？

蛇如何打鬥？

雄蛇如何防止雌蛇偷情？

蛇一次可以生多少卵或小蛇？

蛇會呵護新生兒嗎？

蛇的壽命有多長？

蛇是大胃王？

蛇的食量

蛇吞食大獵物的本事，很容易造成大胃王的刻板印象。其實和人類相比，蛇一餐的食量雖令人瞠目結舌，但是如果將比較的單位時間軸拉長為一年，則人類吃進肚子裡的食物可是遠遠超過蛇類呢！

奉行少餐多量

通常一餐一個正常大小的便當、一小碗湯和一小包水果，就足以讓人有飽食的感覺，而這些食物的重量約只佔一般人體重的 1.6%，也就是表示人類一餐食物的重量約為體重的 2% 以下。而蛇類單次進食的食物重量，常佔其體重的 20% 以上，超過 100% 的紀錄也時有所聞，例如金黃珊瑚蛇（*Micrurus fulvius*）曾吞下其體重 137% 的蛇蜥（*Ophisaurus*），南美洲的矛頭蝮（*Bothrops atrox*）也曾吞食其體重 156% 的健肢蜥蜴（*Cnemidophorus*）。然而，蛇畢竟是冷血動物，需要的食物量不大，一整年的食物總量通常只有其體重的兩倍左右，反觀人類在一年之內卻可消耗高達體重二十倍左右的食物量。

蛇類奉行「少餐多量」，可以隔很長的時間才進食，但一次可以攝入相當大的食物量，即使在活動季節，許多蛇類都一週以上才進食一次，譬如環頸蛇（*Diadophis punctatus*）。銅頭蝮（*Agkistrodon contortrix*）撐得更久，在活動季節約一個月才攝食一次，非活動季節則

●蛇類單次進食的食物量常令人瞠目結舌，因而易造成大胃王的刻板印象。

攝食頻度更低，連續三、四個月不進食並不稀奇。在人為飼養的紀錄中，南美響尾蛇（*Crotalus durissus*）曾停食達一年又兩個月，非洲岩蟒（*Python sebae*）則有一年五個月的紀錄。

除了季節之外，氣溫、食物類型、蛇的年齡或生理狀況，也都會影響蛇的攝食頻度。蛇是變溫動物，氣溫變低時新陳代謝率隨之降低，也就是能量的需求變小，活動的靈活度變差，攝食意願也降低，攝食間隔自然變長。食物的類型和蛇的攝食策略相關，坐等型的蛇一般攝食體型相對較大的食物，而遊獵型的蛇大多攝食體型相對較小的食物，且耗費較多的能量在尋找食物，所以攝食較為頻繁。幼蛇因為成長快速，相對的新陳代謝率也高，所以攝食頻度一般比成蛇高。雌蛇需要儲備較多的能量生產，平常的攝食頻率比雄蛇高，但懷孕的數個月期間則經常不進食。蛻皮前的蛇也較不會進食。

●銅頭蝮可以隔好幾個月才進食。
（Gregory Sievert 攝）

變溫動物是省能高手

說蛇是大胃王不如說牠是「耐餓王」，因為從能量的角度來看，如蛇這般的變溫動物實在是省能的高手！牠們的新陳代謝率低，能將食物充分地轉換成生長或生殖上所需要的能源，因此浪費掉的熱能極少。

●蜂鳥是世界上最小的鳥，其儲備的脂肪不足時便會進入休眠的狀態。

一般而言，恆溫動物只能從攝入的食物中，轉換 1% 左右的能量成為自身的體質，而變溫動物的轉換率多在 50% 左右，有些種類甚至可高達 98%。當食物不足時，牠們耐飢的能力也遠大於恆溫動物，尤其在食物來源很不穩定或食物每年只短暫出現一次的環境，變溫動物仍可生存，但恆溫動物就不一定撐得下去。恆溫動物的體重有明顯的下限，因為小到一個程度時，牠們幾乎得隨時攝食才足以維生。目前世界上最小的恆溫動物，體重約 2 公克，這些小型恆溫動物經常面臨食物不足的情形，因此牠們多演化出大幅調降新陳代謝的機制，降低因飢餓而致死的機率。此外，恆溫動物的體型也不可能太過細長或扁平，因為愈偏離圓形表面積就愈大，體溫和能量的散失也愈快。不管是大小尺度或體型變化，變溫動物幾乎都沒有限制，牠們都可充分發揮，特別小、扁或細長的體型，反而讓變溫動物能充分利用生態系中的不同區位，同時也豐富了地球的生物多樣性。

老闆，上菜

蛇 的 食 性

蛇類是百分之百的肉食主義者！牠們的食物菜單加總起來包羅萬象，除了大家熟悉的老鼠、青蛙之外，還包括魚、兩生、爬行、鳥類和哺乳類等脊椎動物，以及蚯蚓、蝸牛、昆蟲、蜈蚣和蝦蟹等無脊椎動物。蛇類的食性和環境資源息息相關，有些蛇食性廣泛，來者不拒；有的蛇專吃某類食物，譬如特定類群的無脊椎動物；也有非常挑剔的蛇，只吃某一種食物，如魚卵、鳥蛋或剛蛻殼的螃蟹。

蟲魚蝦蟹鳥獸通吃

多數蛇類的食性很廣。比方台灣常見的紅斑蛇，牠們除了會捕食蛙、蟾蜍、鼠、鳥等動物外，也吃其他的蛇類；遊蛇（*Coluber constrictor*）的食物包含了昆蟲、蛙、

●水蛇以魚類為主食。

蜥蜴、蛇、鳥和鼠類；而北美洲的食魚蝮（*Agkistrodon piscivorus*），顧名思義是以魚類為食，不過這種蛇的胃內含物還包括蛙、蛇、鳥龜、小鱷魚、鼠和鳥等；王蛇（*Lampropeltis getulus*）雖因能捕食響尾蛇和其他蛇類而得此封號，但有機會時牠們也不會放過蜥蜴、烏龜、鳥蛋和鼠類。

●有些蛇以其他蛇類為食。圖為紅斑蛇吃龜殼花。
（呂理昌 攝）

　　談到吃蟲，人們多半想到鳥、蜥蜴或蛙，較難想像有些蛇也是吃蟲一族！其實，有許多小型穴居的蛇類以昆蟲的蛹或成蟲為食，比方細盲蛇科的蛇類經常在白蟻巢內攝食白蟻，牠們會從泄殖腔分泌費洛蒙，並塗抹在身體上，以避免白蟻的攻擊。

　　有的蛇類專吃蜘蛛、蜈蚣、蚯蚓和蝸牛等無脊椎動物，比方台灣的鈍頭蛇以蛞蝓或蝸牛為食；墨西哥勾鼻蛇（*Ficimia streckeri*）喜歡潛伏在沙土底下，除了捕食蜈蚣之外，更偏好蜘蛛。

　　想不到螃蟹或蝦子也會是蛇類的食物吧！劍尾海蛇（*Aipysurus laevis*）除了捕食珊瑚礁魚類外，也會攝食躲藏在礁穴內的螃蟹和蝦子。半水棲的格藍翰螯蝦蛇（*Regina grahami*）則以淡水螯蝦為食。生活在泥灘地的食蟹蛇（*Fordonia leucobalia*）和格氏蛇（*Gerarda prevostiana*），幾乎完全以螃蟹為食，而且格氏蛇還只挑選剛剛蛻殼的螃蟹。

　　有些蛇類的食性非常專一，如黃唇青斑海蛇只吃鰻魚。有些蛇則愛吃蛋，譬如非洲的食卵蛇屬（*Dasypeltis*）的蛇類專吃鳥蛋；亞洲的小頭蛇屬（*Oligodon*）的蛇類，如台灣的赤背松柏根和澳洲的半腰帶蛇（*Simoselaps semifasciatus*），

●蛙類是蛇的食物之一。圖為紅斑蛇正準備捕食澤蛙。

專挑爬行動物的蛋；飯島氏海蛇、龜頭海蛇（*Emydocephalus annulatus*）和埃杜西劍尾海蛇（*Aipysurus eydouxii*）專吃魚卵，其毒囊和毒牙等構造則都已退化。

同種蛇食性卻不同

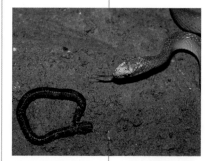

●青蛇為了捕食蚯蚓弄得灰頭土臉。

即使是同一種蛇，其食物內容也可能因性別、成長階段而改變，例如瘰鱗蛇（*Acrochordus arafurae*）的雌蛇體型明顯比雄蛇大許多，活動的水域也比雄蛇深，當然牠們攝食的主要魚種也不一樣；條紋鰲蝦蛇（*Regina alleni*）的幼蛇以小蝦和水薑為食，成蛇則專門捕食鰲蝦。又如以鼠類為食的蛇，在未成長前顯然難以制服凶悍又敏捷的鼠類，所以幼年時期經常會以蛙、蜥蜴或小型的無脊椎動物為食。鼠蛇屬（*Elaphe*）的蛇類長大後，九成的食物是鼠和鳥等溫血動物，但幼年期則主要以魚、蛙、蜥蜴和蛇等冷血動物為食。

此外，分布區域也可能導致同一種蛇的主要食物組成有所改變。例如美國加州的麗紋帶蛇（*Thamnophis elegans*），棲息於海岸沿線的族群多以蛞蝓為食，但分布在內陸的族

群則主要吃蛙和魚類。曾有研究以蚯蚓測試沒有捕食經驗的幼蛇，結果沿岸族群有七成三的個體會攝食蚯蚓，但只有一成七的內陸幼蛇會攝食蚯蚓，若用這兩個族群交配後產下的幼蛇試驗，則有約三成的個體攝食蚯蚓，顯示這樣的攝食偏好似乎是由天生遺傳來決定。有些毒蛇也有類似的現象，其食性差異甚至會影響到蛇毒成分，如馬來西亞紅口蝮（*Calloselasma rhodostoma*）廣泛分布在東南亞地區，有些地區的蛇主要以溫血動物為食，有些則以冷血動物為食，另有些則各佔不同的比例，結果發現蛇毒的成分和不同食物組成有明顯的關聯性。

詭異的食性

蛇會吃人嗎？恐怕有許多人擔憂這個問題。確實曾有一位 14 歲的馬來西亞男孩，被一條 5.2 公尺長的網紋蟒（*Python reticulatus*）吞下的悲慘紀錄，但人畢竟不是蛇經常性的食物，所以蛇吃人的案例非常有限。有些業餘的養蛇人平時就讓大蟒蛇在家裡四處爬行，也不曾發生家裡的小孩被吃掉的噩耗。反倒是蛇類的食物還包括死屍和同種類的蛇，才令人匪夷所思。

曾有人觀察記錄一隻大草原響尾蛇（*Crotalus viridis*），花了一個半小時才將一隻已經長蛆的兔子吞食入腹。在佛羅里達西岸外海的海馬島（Sea horse Key）上有許多食魚蝮，牠們經常在海鳥棲息的樹下，等待海鳥餵食時掉下來的海魚。有時牠們等待的時間很長，整個身體幾乎沾滿海鳥的排遺而變成灰白色。此外，夜間牠們也可能會四處搜尋掉在地上死亡已久的魚。澳洲的水蛇（*Tropidonophis mairii*）也曾被數度觀察到爬上馬路，捕食已被車子輾死的青蛙。

餵食蛇類時，可能會發生同類相殘的情況。當兩隻蛇一齊吞食同一個食物，結果一隻蛇最後可能被另一隻蛇意外的吞食入腹，但並非意外的情況也時有所聞。

最令人不可思議的是棲息於美洲的黃鼠蛇（*Elaphe obsoleta*）竟試圖吞食自己的後半身！一隻被人圈養的個體，曾兩次吞食自己的後半身，結果在第二次嘗試時死亡。另一隻野外的個體被發現時已死亡，牠後半身三分之二的身體還塞在自己的嘴裡，形成一個很緊的圓環。

●美洲的黃鼠蛇曾有試圖吞食自己後半身的紀錄。

●食魚蝮的身體沾染海鳥的排遺。

坐等與遊獵

蛇如何搜尋獵物

身為上層消費者的蛇類，狩獵策略和許多掠食者一樣，可以簡單分為坐等和遊獵兩型。前者多半選擇一個適當的伏擊地點，等獵物經過時再襲擊；後者則會搜索較大的範圍以尋找獵物。不過，這只是一個簡化的分類，許多蛇類的狩獵策略介於兩者之間，或是會在不同的時候採取不同的策略，例如纖細的東部綠曼巴蛇（*Dendroaspis angusticeps*）在樹上搜尋一陣後，可能會在一處停棲逗留數天，以便伏擊經過的鳥類或哺乳類。

坐等伏擊

坐等型的蛇主要靠嗅覺找到獵物經常活動的地區，然後埋伏在獵物可能經過的小徑上，耐心的等候數天或數星期。牠們通常具有良好的保護色，靜止不動時不易被

●坐等型的蛇類將脖子彎成 S 型，耐心等待出擊。圖為紅尾蚺。

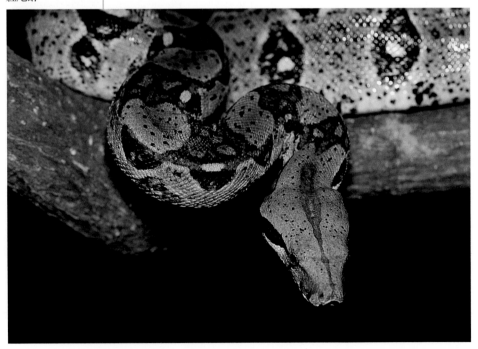

發現，等獵物出現時，牠們的視覺、嗅覺，甚至紅外線感熱器就會一一派上用場。當獵物進入攻擊的範圍內，牠們那彎成 S 型的脖子便會快速將頭彈向獵物。這類蛇常以鼠類或鳥類為食，最後一擊如果不夠迅速，就只好再耐心等待。體型粗大的蟒蛇、蚺蛇和短胖的蝮蛇多屬於這一類的攝食者。坐等型的蛇類如果是樹棲性的，體型便較不粗壯，因為這會侷限牠們在樹上的活動範圍，但牠們仍保有良好的保護色，像赤尾青竹絲、非洲藤蛇（*Thelotornis*）和一些樹棲性的蟒蛇或蚺蛇。

坐等型的蛇類活動範圍通常較小，已知巨蝮（*Lachesis muta*）大概爬行 5～20 公尺後，會停棲在合適的伏擊點等候數天至數週；紅尾蚺則可能在樹林內移動 20～85 公尺後，進入樹洞內等待大型哺乳類上門。台灣的赤尾青竹絲白天躲在較隱蔽的樹叢內，晚上會從停棲的樹枝爬出來尋找合適的伏擊點，白天停棲的點和夜間覓食的位置，一般相差在十公尺以內，但有時也可相隔近百公尺。

有些坐等型的蛇還會利用尾巴引誘獵物，以提高攻擊成功的機會。有好幾個不同血緣類群的蛇都具有這種行為，而且牠們散布在世界不同的地方，因此這種行為可能獨立演化出來好幾次。這類蛇大多具有良好的保護色，但尾端的顏色特別醒目。尚未發現獵物之前，牠們的尾巴便已高舉在空中，醒目的尾端像蟲一樣慢慢晃動，吸引獵物的目光。獵物一旦出現，牠們便激烈地晃動尾端。這樣的引誘手法特別容易將蜥蜴或蛙類引誘過來。不少蛇類都只在幼蛇時才有這樣的行為，長大後尾端醒目的顏色便消失。這種轉變一方面和食性的改變有關，另一方面可能因為成蛇的尾巴較粗，動起來已經不像一條小蟲，不易引誘成功。

●赤尾青竹絲晚上會從白天停棲的樹枝爬出來，尋找合適的伏擊點。

●過山刀遊獵時，眼觀四方，動作迅速而安靜。

●闊帶青斑海蛇利用後端的身軀堵住礁縫，再捕食躲在其內睡眠的魚類。

●過山刀是遊獵型的蛇，眼睛發達，身形細長。

遊獵搜尋

　　遊獵型的蛇多半依靠視覺和嗅覺尋找獵物或適當的棲所。

　　有一些日行性的蛇類是遊獵型的典型代表，像過山刀、遊蛇（*Coluber*）、花條蛇（*Psammophis*）、鞭蛇（*Masticophis*）和快速澳蛇（*Demansia*）。牠們都具有細長的身體和尾巴，並有一對發達的大眼睛以尋找獵物。牠們爬行時頭部會上舉抬高，以利眼睛搜尋，發現獵物時也會做出悄悄逼近的行為，然後才快速追擊獵物。

　　這類蛇通常以蜥蜴為食，蜥蜴多半也有良好的視覺和靈巧的活動能力，因此蛇類的追擊也常有失敗的時候。筆者曾經觀察過山刀捕食攀木蜥蜴的過程，當蜥蜴不動時，過山刀似乎無法察覺牠的存在，但蜥蜴一逃跑時，過山刀便能迅速地咬到牠。

　　另一類遊獵型的蛇，其食物不是沒有行動能力，如蛋，就是行動能力較差，如蝸牛或睡眠中的動物。這類蛇主要靠嗅覺找出食物的位置，一旦找到後，捕食通常不是問題，像盲蛇次亞目、鈍頭蛇（*Pareas*）和帶蛇（*Thamnophis*）及多數的水蛇、海蛇和其他蝙蝠蛇科的蛇。許多海蛇以珊瑚礁的魚類為食，牠們的游泳能力不及魚類，因此牠們會游入礁縫內捕食睡眠中的魚類，細小的頭部有利於牠們鑽入小縫隙，有時牠們會利用後端較粗的身軀堵住入口，再慢慢享用大餐。

　　遊獵型的蛇會搜尋較大的範圍以便找到獵物，已知鞭蛇（*Masticophis flagellum*）平均一天約移動 185 公尺；有些澳洲的蝙蝠蛇科蛇類一天可爬行 400 公尺以上；劍尾海蛇（*Aipysurus laevis*）進行一趟約 26 分鐘的潛水，即可搜尋將近 500 公尺的距離。

蛇如何制服獵物

大多數的蛇類咬住獵物後就開始吞食，當獵物的反抗能力不強或完全不會反抗時，直接吞食並沒有任何問題，可是對於難纏的獵物，蛇就得先將牠們弄昏或殺死才能順利吞食。蛇具有兩種制服獵物的本領，可讓獵物無所遁逃，一是纏繞，二是注射毒液。

纏繞制服

許多蛇類捕捉到獵物後會用快速纏繞的方式制服獵物，每當獵物吐氣時，蛇便纏得更緊，這樣的方式對於溫血動物，如老鼠和鳥類特別有用，因為牠們的新陳代謝率較高，氧氣的需求量大，所以很快就會因缺氧而死。不過，有些較仔細的觀察顯示，有時蛇的纏繞並非使動物窒息而死，而是因纏繞的力道很強，直接壓縮心臟，使心臟無法供血到心肌和腦部等重要器官，而導致動物迅速死亡，所以纏繞致死的時間比動物因缺氧而死的時間還短。

●毒蛇只要對獵物注射毒液，便能讓其喪失反抗能力。

●許多蛇類捕捉到獵物後，採用纏繞的方式制服獵物。

擅用纏繞絞死獵物的蛇，身上的各個體節之間有較短的肌肉纖維，可以增加身體纏繞的程度，並有助於絞死獵物。牠們的纏繞行為經常變得非常制式，即使餵食已死的食物，牠們也會纏繞一段時間後才開始吞食。

注射毒液

注射毒液也可以讓獵物喪失反抗的能力，再慢慢吞食。理論上具有注毒能力的蛇類，應該不需再藉助纏繞的方式制服獵物，因此毒蛇具有纏繞獵物行為的種類，應比無毒蛇的比例低，然而科學家調查了160屬的毒蛇和257屬的無毒蛇後，發現具有纏繞獵物行為的種類比例分別是16%和11%，並沒有顯著的差異。可能因為許多毒蛇的毒牙並不長，或是長在後方不能有效的注毒，所以保有纏繞獵物的行為仍有助於制服獵物。

不過，毒牙較長且長在前方的蝮蛇科蛇類則大多沒有纏繞獵物的行為，牠們在咬噬獵物的同時注射毒液，然後放走獵物，隨後再循著獵物沿途留下的氣味，找到毒發身亡或已動彈不得的獵物。響尾蛇在追蹤咬噬過的鼠類時，頭還會左右擺動，以便準確的循徑找回獵物，但如果是樹棲性的蛇類，就比較不會放掉已到手的獵物，因為要在三度空間的環境中，依靠嗅覺找回食物困難許多。

毒蛇也會中毒嗎？

毒蛇如果不小心咬到自己或被同種的蛇咬到，會不會中毒身亡？多數的人可能會猜不至於吧！如果對自己的毒液沒有免疫的能力，豈不是很容易毒死自己？因為偶爾難免不小心咬傷自己，或者口腔一旦有傷口，毒液也可能隨傷口進入循環系統。一些實驗結果確實發現有些蛇類，如眼鏡蛇、雨傘節、鋸鱗蝮（Echis）和鎖蛇，對自己和同種蛇的毒液具有免疫能力，但無法抵抗其他種毒蛇的毒液。然而，部分實驗卻發現相反的結果，美國的食魚蝮（Agkistrodon piscivorus）和一些響尾蛇則會被自己的毒液毒死。另一些毒蛇如毒蝮（Vipera aspis）則只能忍受某個劑量以下的自己的毒液，當毒液量太多時仍會死亡。目前現有的資料仍無法合理解釋，為何有些蛇類對自己的毒液具有免疫能力，而另一些則沒有。

●食魚蝮竟然會被自己的毒液毒死。

●雨傘節對自己和同種蛇的毒液具有免疫能力，卻無法抵抗其他毒蛇的毒液。

蛇如何吞食獵物

蛇類的四肢退化，牙齒也不具咀嚼和撕咬的能力，因此牠們必須藉由吞的方式來進食。但這可不是囫圇吞棗喔！牠們必須「吞之有道」，才能填飽肚子，否則可會難以下嚥，甚至噎死。為了增強吞食的本事，許多蛇類的上下顎可以打開將近180度，牙齒也往內彎曲，避免讓獵物向外滑落。

服貼體軸好吞食

如果獵物不大，通常還未死亡，蛇便會開始吞食。吞食前牠們會先搜尋獵物的身體，多半從獵物的吻端，有時也會從後端開始吞食。若獵物太大，或一開始沒有從身體的兩端吞食，沒多久牠們即會因難以繼續而放棄，然後再重新搜尋身體的各處，試著從他處繼續吞食。當獵物相當大時，最後多半只能從吻端才能成功吞食入

●蛇不僅上下顎骨可分離，下顎骨的左右兩側亦可分離，有助於讓口腔變大和兩邊的下顎齒輪替前進。

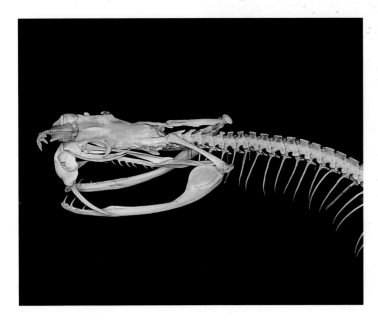

●蛇多半從獵物的吻端開始吞食，因為獵物的四肢由前往後壓較易貼緊身體。

腹，因為獵物的四肢由前往後壓，遠比反方向容易貼緊身體，而且從這個方向吞食較不容易被獵物身上的硬棘刺傷。少數的情況下從後面往前吞較有利，例如由前方吞食螯蝦容易被牠的大螯攻擊，所以條紋螯蝦蛇（*Regina alleni*）是從螯蝦的尾部吞食，從這個方向也較易讓兩隻大螯平順的貼緊體軸，方便吞食入腹。

在獵物進入頸部以後，原本上下略有交疊或緊密相接的鱗片這時會一片片拉開。蛇鱗下的皮膚和肌肉極富伸縮性，因此獵物經過強力收縮束壓的過程之後，多半會變得比原來細長，有助於往後推送。

為了增強吞食的本事，許多蛇類在形態上有所調整。譬如上下顎可以打開將近180度，且上下顎骨可暫時分離。此外，下顎骨的左右兩側亦可分離，這樣除了有助於讓口腔變大外，兩邊的下顎齒還可以輪替前進。蛇的上顎和頭骨的連接及頭骨骨片的接合都很鬆散而不堅實，因此左右兩邊的上顎齒

也可以交替前進吞食。對於沒有手腳可以幫助吞嚥的蛇類來說，上下顎左右兩邊可以輪替前進吞食非常重要，而往內彎曲的牙齒也有助於將獵物逐漸推入口內，讓獵物較難向外滑出。

●蛇鱗下的皮膚和肌肉極富伸縮性，能將獵物收縮束壓，幫助吞食入腹。

但不是每一種蛇都能將嘴巴完全張開吞食大獵物。盲蛇科、細盲蛇科和齒盲蛇科等原始的小型蛇類，以小型昆蟲或節肢動物為食；許多海蛇吞食細長型的鰻魚，或以魚卵、或小型的珊瑚礁魚類為食，牠們的上下顎都不能張得很大。

蛇為何不會噎死？

在吞嚥大食物的過程中，蛇的氣管會受到擠壓暫時無法呼吸，但為什麼牠們不會噎死呢？這是因為蛇是冷血動物，氧氣的需求量較低，所以可以忍受較長時間不用呼吸。另外蛇的肺很長，後段的肺表面光滑沒有血管，稱為囊狀肺（Saccular lung）或氣囊（air sac）。這段肺具有儲藏氣體，協助呼吸的功能，可以延長蛇憋氣的時間。還有蛇的氣管開口在口腔中間的下方，並能向前延伸到口腔前方，不像人類的氣管開口是固定在口腔後下方。當蛇的嘴巴張得比獵物大，或在吞食的後半階段，口腔已沒有被獵物塞滿，便可觀察到其延伸到口腔前緣的氣管，每隔一小段時間會張開進行呼吸動作，因此並不需要等到完全吞入獵物後，蛇才能開始呼吸。如果獵物太大，一直吞食不下，蛇多半會放棄吞食，但有時也會發生吞不下又吐不出而噎死的狀況。筆者曾觀察一隻紅斑蛇試圖吞一隻體型過大的青蛙，結果噎死；另有一隻黃唇青斑海蛇口中塞著鰻魚，雙雙死在海灘上。

●蛇的氣管開口能向前延伸到口腔前方，有利於吞食時進行呼吸動作。

蛇的特殊攝食方式

多數的蛇類攝食時，只要注意吞食的方向，便能順利裹腹。但是對於少數食性較專一的蛇類而言，卻必須發展出特化的牙齒或構造來協助覓食。牠們的吃相因食物而異，比方食卵蛇會吐出蛋殼、鈍頭蛇餐後會想辦法抹掉嘴邊的黏液。最令人意外的是，食蟹蛇甚至還會運用纏繞的方式，將食物分解成小塊後才吞食。

構造特化有專攻

有些蛇類雖然都吃蛋，但是吃食的蛋殼材質不同，因此弄破蛋殼的構造彼此也不同。非洲的食卵蛇（*Dasypeltis*）專吃鳥蛋，頸部附近的脊椎骨具有向下延伸特化的骨片。當蛋往內推時，就會被骨片卡破，然後再吐出蛋殼。而爬行動物的蛋殼大多是革質的，所以吃這類蛋的亞洲的小頭蛇屬蛇類（*Oligodon*），口腔後方都會有較長而銳利的牙齒，以便刺入蛋殼，並劃開長長的裂縫，好讓頭伸入蛋殼內攝食。

鈍頭蛇（*Pareas*）下巴的左右咽鱗板不對稱，因此下巴中間沒有頤溝，並且限制了下巴左右分開的程度，所以牠們都以小型的蛞蝓或蝸牛為食。鈍頭蛇下顎前方的牙齒特別尖而細長，可以快速刺入柔軟又易分泌黏液的蝸牛體內。如果蝸牛將身體縮入殼內，鈍頭蛇會將下顎伸入蝸牛殼內，然後左右交替前進，快速拖出蝸牛的身軀。而美洲專吃蝸牛一類的斯氏蛇（*Storeria*），在咬住蝸牛的身體後，會先將蝸牛推到石頭或其他東西上，再扭轉自己的頸部約180度，並持續這樣的姿勢，直到蝸牛疲累後，才將蝸牛的身體拖出殼外吞食。

由於蝸牛或蛞蝓被獵食時會分泌許多黏液，所以蛇類攝食後會在附近的物體上摩擦吻部或嘴邊，花費一番功

●台灣鈍頭蛇將下顎伸入蝸牛殼內，試圖拖出蝸牛的身軀。

夫將黏液擦掉。這類行為在其他一些蛇類也常
可看到，只要獵物的表面有分泌物，便能引發
這樣的行為，如專門以蚯蚓為食的青蛇、日本
青蛇（*Cyclophiops semicarinatus*）或美洲帶蛇
（*Thammophis butleri*）。除了清除乾淨以外，
抹掉黏液的行為可能也有防止下一個獵物逃跑
的功能，因為蚯蚓掙扎時，分泌的黏液中含有
警告同類的費洛蒙，如果攝食後不先將黏液摩擦乾淨，當
蛇再接近附近的蚯蚓時，獵物便可能提前逃脫。

●鈍頭蛇的左右咽
鱗板不對稱（下），
因此下巴不能張得
很開。圖上為臭青
公，其咽鱗板左右
對稱。

支解食物不簡單

　　蛇類頭部各骨頭間鬆垮的連接，有助於牠們
吞嚥較大的食物，但這樣的結構也讓蛇的牙齒
無法固定在強硬的顎骨及頭骨上，因而喪失了
咀嚼和撕咬的能力，所以絕大多數的蛇無法將
食物撕咬成小塊再分別吞食。一直到 2002 年
才有研究人員報導，食蟹蛇（*Fordonia leu-
cobalia*）和格氏蛇（*Gerarda prevostiana*）會
利用身體幫忙拆散螃蟹的腳，再分別吞食掉落的腳，這是
蛇類唯一會將食物分解成小塊後才吞食的例子。

　　食蟹蛇和格氏蛇都會捕食螃蟹，前者不論是硬殼的或剛
褪殼的軟殼螃蟹都會攝食，後者則只捕食剛褪
殼的軟殼螃蟹。格氏蛇咬住螃蟹後，會用身體
環繞限制螃蟹的行動，再咬住牠的頭胸甲往後
拉扯，螃蟹的腳會因此和頭胸甲分離，有時連
頭胸甲也會被扯裂，甚至完全扯開。至於硬殼
的螃蟹，食蟹蛇可就無法使用上述的招數，這
時牠也會先用身體環繞限制螃蟹的行動，再一
一咬斷並吞食各隻蟹腳。如果沒有這些特殊的捕食方式，
牠們不可能捕食體型比其口徑大許多的螃蟹。

●飽食蛞蝓後，正
在費力扯掉黏液的
台灣鈍頭蛇。

●食蟹蛇是蛇類中
難得會將食物分解
成小塊後才吞食的
種類。
（Mark O'Shea 攝）

不只是蛇行

蛇的運動

　　沒有四肢的蛇類如何行走呢？見過蛇類蜿蜒「蛇行」的人，對於牠們將身體彎曲成S形的爬行方式，應該都印象深刻罷！而這也是蛇類最常使用的運動方式。不過除此之外，蛇類還會因種類和不同的環境條件，採用其他三種運動方式，即直線爬行、手風琴式爬行和側彎躍行。

蜿蜒爬行

　　蜿蜒爬行並非蛇的專利，四肢退化的蜥蜴、魚類和線蟲也都利用這個方式推進身體。棲息於水域的蛇類和魚類一樣，將身體彎曲成對稱的S形前進，而陸棲蛇類在蜿蜒爬行時，身體大多彎曲成不對稱的S形。

　　水的密度大，任何一點都可以產生推力，所以生物儘管擺動身體，排擠旁邊的水，便會產生反作用力，此力又可分成向前推進和向側面移動的力。當S形對稱時，

●飯島氏海蛇只要將身體彎曲成對稱的S形就能前進。（蘇焉 攝）

另一個反向外彎所產生的側移力量，剛好和上一個側移力量抵消，而往前的推力則累加為兩個，因此生物便筆直地前進。對稱除了可以避免身體偏移，也是較簡單的肌肉收縮方式。

棲息於陸地的蛇類，則必須藉助突起且穩固的物體，才能產生有效的反作用力。這些突出物體的分布經常是不均勻的，因此蛇的身軀便隨著突起物的位置而彎曲成一些不對稱的 S 形。在較均質的環境可產生反作用力的點分布較均勻，如柏油路面或短草地，便可看到蛇的身軀呈現較對稱的 S 形。不過，遇到玻璃或平滑的磨石子地，蛇就沒轍了，即使快速擺動身軀形成數個對稱的 S 形，也只會在原地停留無法前進。如果地面的突起太小，蛇的側下方完全碰不到有效的支點，只好藉助摩擦力所產生的反作用力，或是用較慢速的直線爬行方式緩慢前進。

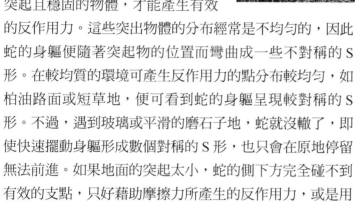

●蛇在陸地上爬行時，會隨突起物的位置而彎繞身軀，自然便彎曲成一些不對稱的 S 形。

直線爬行

直線爬行的向前推力，來自腹鱗和地面的摩擦力。蛇會一次固定幾個腹鱗的點，和地面做穩定的接觸，其他的腹鱗則由內附的肌肉拉離地面，並和表皮一齊往前推擠，隨後再將原來和地面接觸的腹鱗拉向前方，如此反覆循環，蛇就像毛毛蟲般，身上產生一波波的推擠，並且緩緩前行。

直線爬行的速度比蜿蜒爬行慢得多，而且幾乎察覺不到蛇在動，其實牠已靜靜的向前推進了。襲擊獵物前，有些蛇類會採取這種爬行方式。一些粗胖的蛇類，如蚺蛇或蝮蛇，蜿蜒爬行的效果不佳，所以牠們也較常採用這種運動方式。

●蛇類會綜合運用手風琴式和蜿蜒爬行，爬上垂直的大樹。

手風琴式爬行

　　手風琴式爬行類似直線爬行，都是先固定身體的一些點，將未固定的部分往前推，再固定已經前推的部分，把剛才負責固定的部位拉向前方。只是手風琴式是藉由部分彎曲的身體和接觸面有較大的摩擦力，或藉著彎曲的身體頂住兩邊的窄壁，才能穩固的將游離的身體推拉至前方。循環前進的結果，身體的後方和前方會交替產生彎曲和拉直的動作，就像演奏手風琴時，風箱被交替的擠壓和拉直。

　　當蛇類穿越細管道、攀爬在圓形的枝條或樹幹時，手風琴式特別管用！有些蛇類會綜合此方式和蜿蜒爬行，爬上垂直的大樹。牠們靈活利用樹幹上不規則的凹缺和突起，有時蜿蜒而上，有時頂緊樹皮上的裂縫，再持續探索另一個可攀附的點。

側彎躍行

　　側彎躍行時蛇的身體會快速彎成對稱的 S 形，且單一時間內身體通常只有兩個點會和地面接觸，其他部位則朝側前方傾舉懸空，與地面接觸的點正是身體外彎的凸點，這個凸點會隨著身體做波浪擺動而慢慢的後移，在後移時也就向地面產生推力，地面的反作用力則將蛇推向側前方，後方的凸點最後會移到尾端而結束，這時候前面脖子附近會形成一個新的凸點和地面接觸。

●棲息於沙漠地區的沙漠角蝮善於側彎躍行。
（Mark O'Shea 攝）

　　蛇類多在地面溼滑的泥地或鬆散的沙地才有這樣的行為，因為這種環境的介質都很不穩固，會隨著身體外彎的推力而有順移的情況，不易產生有效的反作用力，如果用一般的蜿蜒爬行會很浪費力氣。讓大部分的身體騰空，可以增加身體與地面接觸的角度，在鬆散的介質上施力時角度增大，可以減少介質順著推力移動的程度，而得到較多

的反作用力，騰空的身體也減少身體和這類介質接觸的面積。

　　雖然許多蛇類都能做側彎躍行的動作，但沙漠地區的蝮蛇類最擅長這樣的運動方式。在炎熱的沙漠利用側彎躍行移動，不但較節省力氣，也可以避免身體和太多的熱沙接觸，而導致體溫過高。少數蛇類，例如非洲的沙漠角蝮（*Bitis caudalis*）在快速逃避或猛烈攻擊時，也會運用類似側彎躍行的運動方式，讓全身躍離地面。

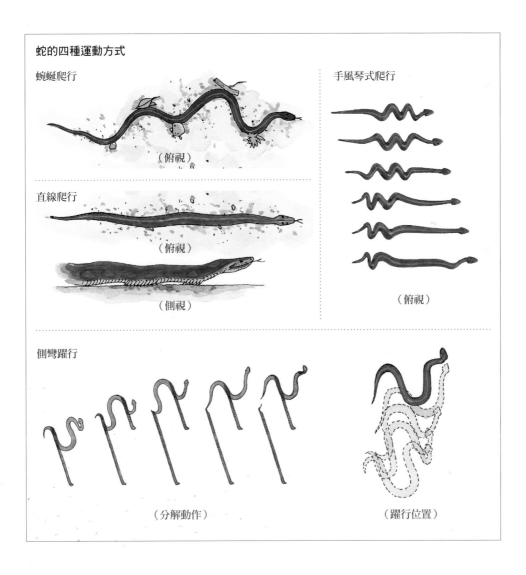

蛇的四種運動方式

蜿蜒爬行

（俯視）

直線爬行

（俯視）

（側視）

手風琴式爬行

（俯視）

側彎躍行

（分解動作）

（躍行位置）

蛇可以爬多快？

蛇的速度

蛇蜿蜒爬行的姿態，讓許多人直覺以為牠是一種移動快速的動物，因而不免擔憂是否會被蛇追？且會關心當被蛇追時該怎麼辦？是否要跑 S 形比較不會被追到呢？其實，蛇的速度和耐力皆遠不及人類，而蛇追人的案例亦少之又少，實在毋須為此憂心哩！

速度、耐力不如人

以跑 100 公尺須 20 秒來估算的話，人類的時速約 18 公里；而蛇的時速一般少於 6 公里，即使是號稱最快速的黑曼巴蛇（*Dendroaspis polylepis*）也只有 11 公里。因此即使是蛇類王國的國手級選手，都比一般人跑得慢。換句話說，一般人已經跑到 100 公尺的終點了，最快速的蛇才爬了 61 公尺，而多數的蛇則僅爬了三分之一的距離而已，遠遠落在人類之後。

●蛇的爬行速度雖比不上人類，不過還是比蝸牛快。

至於耐力，蛇類就更不是人類的對手了！蛇類和大多數冷血動物的肌肉主要由白肌構成，只要是白肌較多，都只能做短時間或短距離的衝刺。因為白肌多時，只能從無氧呼吸獲取能量，而無氧呼吸無法將原料完全氧化，所產生的能量不但較少，也會造成氧化不完

●南蛇是台灣蛇類中，運動速度較快的種類。（王緒昂 攝）

全的乳酸堆積，乳酸一多就會影響體液的酸鹼平衡，使得肌肉無法再收縮，當然也就跑不動了。而人類和多數溫血動物一樣，肌肉的主要成分都是紅肌，紅肌含有許多肌紅素而呈棕紅色，肌紅素和血液裡的血紅素一樣，都有攜帶氧氣的功能，因此紅肌含有的氧氣比白肌多很多，能充分進行有氧呼吸轉換能量，持續性亦較久。

更要緊的是，蛇類追擊人類的案例極少。只有劍尾海蛇（*Aipysurus laevis*）在求偶期間，會主動攻擊靠近的人；眼鏡王蛇（*Ophiophagus hannah*）可能在護卵時出來威嚇靠近的敵害，不過只要敵害退後稍遠的距離，牠們就會回去辦正事。如果有人說他肯定被蛇追過，那多半是人與蛇突然相遇時，彼此都嚇了一跳，人拔腿就跑時蛇也慌亂逃跑，只是蛇的視覺不好，爬得又慢，剛好又和逃跑的人選了同一方向而已。若真的被蛇追，以人天賦的能力隨便亂跑，蛇鐵定是追不上的！

●劍尾海蛇在求偶期間會主動攻擊靠近的人。
（Mark O'Shea 攝）

如何比速度？

要比較動物運動的快慢其實並不容易，因為在速度之外，還有耐力的考量，所以一般雖公認陸生動物中獵豹的行動最快，估算每小時可跑 100 公里，但獵豹的耐力不如羚羊，只要跑步的時間稍長，獵豹就輪給羚羊了。嚴格說來，獵豹每小時可跑 100 公里的描述是錯誤的，因為獵豹無法持續快速的跑上一小時，但為了方便比較，專家學者通常將短時間的衝刺速度換算成時速，好讓大眾可參考車子的時速，來想像動物的運動快慢。

什麼時候最 High?

蛇的活動模式

冷血動物的蛇什麼時候才會 high 起來呢？蛇的活動模式似乎毫無章法，因為不僅每種蛇的活動週期不盡相同，甚至在不同季節也有所差異。其實經過幾千萬年的演化適應，每一種蛇皆已發展出一套自己的活動法則，除了日夜週期之外，潮汐、光照、溫度、獵物與天敵的活動時間等，皆會影響牠們的活動量。

活躍的季節與時段

古人很早就注意到蛇的活動會因季節而有不同，中國宋朝羅願的《爾雅翼》已指出：「蛇在冬輒含土入蟄，及春出蟄則吐之。」明朝李時珍的《本草綱目》也記載：「蛇以春夏為晝秋冬為夜。」台灣民間則傳說：「端午節之後蛇才會大量出現。」蛇是冷血動物，在寒冷的季節難以活動，所以有明顯的季節性活動高峰，然而也並非愈溫暖，蛇的活動就愈頻繁。有些溫帶的蛇類都在春天和秋天有較高的活動性，夏季的活動量雖比冬季高，但明顯低於春秋兩季，如美洲的遊蛇（*Coluber constrictor*）、三種豬鼻蛇（*Heterodon nasicus*；*H. platyrhinos*；*H. simus*）、平原帶蛇（*Thamnophis radix*）和角響尾蛇（*Crotalus cerastes*）。另一些蛇類則從春天出來活動後，只呈現一個活動高峰，且大多在夏季，但有些種類會在初秋時最活躍，例如王蛇（*Lampropeltis getulus*）、

●海蛇在海裡活動一段時間後就需游上水面換氣休息。圖為正在游往水面的黑唇青斑海蛇。（蘇焉攝）

腥紅蛇（*Cemophora coccinea*）、東南黑頭蛇（*Tantilla coronata*）和小斑響尾蛇（*Crotalus mitchelli*）。

一般的動物幾乎每天都有活躍的時段，但蛇經常好幾天才會活動一、兩天，而且不活動和活動的天數並不規則。譬如筆者的實驗室曾經持續追蹤數隻赤尾青竹絲兩、三個禮拜，結果發現每一隻蛇的活動週期都不一樣，且在不同的季節也有差異。最活躍的夏季，可能活動數天後休息一、兩天，又開始活動；最不活動的冬天，則可能休息長達 17 天才活動一天，又休息好幾天。而美洲的東草蛇（*Carphophis amoenus amoenus*）和澳洲的盔頭蛇（*Hoplocephalus bungaroides*）在活動季節內分別有休息 15 天和 48 天後，才繼續活動的紀錄。

雖然哪天活動或活動天數都不一定，但不少蛇類活動的時段倒頗一致。譬如赤尾青竹絲幾乎都在黃昏到次日的清晨以前活動，白天則棲息於枝葉間、樹洞或石塊下靜止不動。類似的情況也發生在美洲的帶蛇（*Thamnophis sirtalis*）和草原響尾蛇（*Crotalus viridis*），這兩種蛇幾乎都在白天活動，但有些地區的族群則是夜行性的。有些蛇類會隨著季節改變活動的時段，美洲的平原帶蛇和西部菱斑響尾蛇（*Crotalus atrox*）在冬天為日行性，春秋季時則利用清晨和黃昏的時段活動，到了夏天又改成夜間活動。另有些蛇類並沒有一定的活動時段，蘭嶼常見的闊帶青斑海蛇和黑唇青斑海蛇，白天在海裡搜尋食物一段時間後，常會停在海床上休息 0.5～1.5 小時，才游上水面換氣。如果不是靜止不動的休息，而是緩緩的游動覓食，則潛水時間不會超過 20 分鐘，晚上也會在海裡游動覓食或進出繁殖的洞穴。澳洲的劍尾海蛇（*Aipysurus laevis*）和裂頰海蛇（*Enhydrina schistosa*）的游動覓食也不侷限在白天或夜晚。不只是海蛇，美洲的東草蛇也有類似的活動形式。

●美洲的帶蛇幾乎都在白天活動，但有些地區的族群則是夜行性的。
（Gregory Sievert 攝）

●黃綠龜殼花屬於夜行性，稍有光照就會停止活動。
（Masahiko Nishimura 攝）

影響活動度的因素

配合日夜週期的變化是多數生物適應生存的關鍵，但除此之外，蛇的活動量還會受獵物與天敵的活動時間、潮汐變化、光照強度、溫度等因素影響。

坐等型的蛇類等著獵物上門，所以需要配合獵物活動的時間，找好伏擊的地點，當獵物是夜行性時，牠們自然也集中在夜晚活動，如以蛙類為主食的赤尾青竹絲，及主要以鼠類為食的多數蝮蛇科蛇類。而遊獵型蛇類的攝食方式是主動去尋找躲藏或活動中的獵物，較不需要配合獵物的活動時間，只是趁獵物熟睡時更易得手，例如闊帶青斑海蛇白天和夜晚都可以捕食在礁縫內睡覺的小魚。而澳洲的小瘰鱗蛇（*Acrochordus granulatus*）的主要天敵是日行性的白腹海鵰，所以大多在夜間活動。

裂頰海蛇的活動則和日夜週期的關係不大，反而會因潮汐變化時增強的水流而降低活動量，當水流減弱時便再增加活動量。日本琉球群島的黃綠龜殼花（*Trimeresurus flavoviridis*）屬於夜行性，當光照強度在 0.01 燭光以上時，牠們便會停止活動；非洲的雙色間齒蛇（*Lycodonomorphus bicolor*），在滿月的夜晚活動量也會明顯變低。有些蛇類為了體溫調節，因此隨著季節改變日夜活動的時段，如冬季低溫時是日行性，而仲夏之日則改為夜行性。

如何研究活動模式？

怎樣才能知道蛇的活動模式呢？豢養的個體固然容易觀察，但和野外的狀況畢竟不同，因此研究人員便得想辦法追查野外個體的活動行為，比方植入無線電發報器、背負螢光粉末或線團等。

無線電發報器與相關設備的價格偏高不易普及，且受限於電池壽命偏短（12～20 天）、重量較重的關係，目前仍較適用於大型蛇類。而讓蛇背負含螢光粉末的容器，藉由爬行時從容器孔洞流洩的粉末，追蹤蛇的活動路徑，雖然既簡便又省錢，但台灣潮濕多雨，效果有待考慮。至於線團法則是先在蛇的身上固定一線團，再將線頭綁在蛇棲息的枝葉上，研究人員只需每隔一段時間測量線的長度或由蛇的座標位置，便可估算蛇爬行的距離與路徑。筆者的實驗室曾經在福山植物園，利用線團法研究赤尾青竹絲的活動模式，結果發現其在夏季的活動量最高，秋季次之，冬天則大多不活動。

●尾部背著線團、身上標示白色記號的赤尾青竹絲，只要開始爬行，細線就會隨著路徑釋放出來。

保持最佳狀態

蛇 的 體 溫 調 節

蛇因為體溫低和易受外在環境溫度的影響，經常被稱為冷血或變溫動物。不過，為了讓生理運作和行為表現保持在最佳狀態，蛇會想辦法調節體溫，讓自己熱血沸騰。此外，蛇也因為善於利用外界環境來調整體溫，而被稱為外溫動物。令人更意想不到的是，有些大蟒蛇竟可自力更生，自行產生熱能哩！

冷血？

蛇雖被稱為冷血動物，但牠的體溫並非一直處於冷血狀態，因為牠和所有的生物一樣，生理機能的運作必須在合適的溫度下才能進行，也因此蛇類和許多冷血動物都發展出調節體溫的行為，以便讓生理機能或個體行為達到最佳狀態。例如

●帶蛇的吐信頻率在某些溫度有較佳的表現。
（Gregory Sievert 攝）

當蛇類進食後，通常需要提高體溫來幫助消化。再者，肌肉的收縮速度和溫度也有明顯的相關，在適當的溫度範圍內，溫度愈高，肌肉的收縮速度也愈快，直到溫度過高時，才變成反比。而實際的動物實驗也發現，一些響尾蛇搖動尾部的速度、黑唇牛蛇（*Pituophis melanoleucus*）反擊的速度、一些帶蛇的吐信頻率、最快爬行速度或游泳速度，都在某些溫度有較佳的表現，且此溫度範圍也常是該種蛇類調節的體溫範圍。

體溫調節的結果讓冷血動物的體溫，在特定活動時一點也不低，甚至比溫血動物還高，因此動物學者覺得冷血和溫血的區分並不適當，便將冷血改為「變溫」，溫

血改為「恆溫」。變溫動物的體溫通常隨環境溫度的改變
而變化,而恆溫動物則維持恆定。

變溫?

　　不過,被歸類為變溫動物的蛇,體溫卻不一定變來變
去。牠常會利用不同的微棲地,使體溫維持在一恆定的狀
態,所以牠的體溫和大環境的溫度起伏並不一致。例如當
體溫過低時,牠會停在太陽底下或趴在熱石頭上,反之則
躲到陰涼的地方。在特定的生理狀況或環境許可時,蛇通
常會試著維持一段時間的恆溫,因為恆溫有利於生理機能
的進行。生物體內的許多生化反應都是一連串的化學反
應,每一個步驟都需要不同的酵素參與,體溫一旦改變,
便會影響酵素的活性,只是影響的程度因酵素的種類而

●菊池氏龜殼花在
石頭上曬太陽,以
提高體溫。

異。此外，每一步驟皆可能產生不等量的中間產物，當溫度不恆定時會降低反應的效率，讓不等量的幅度更難預測，造成有些中間產物過剩，有些則不足。況且有些中間產物可能是有害物質，如乳酸，如果產生堆積的現象，卻不能趕快處理掉，便不只是效率變差的小問題，而是有害於身體的大事情。

外溫？

既然變溫不能完善地描述蛇和相關的生物，因此動物學家便繼而使用「外溫動物」來形容經常靠外界的溫度來調整體溫的動物；而依靠內在新陳代謝所產生的熱能，來維持體溫者則稱為「內溫動物」。然而，屬於外溫動物的一些蛇類卻也可以自體內產生許多熱能，以維持較高的體溫，例如大蟒蛇在孵卵時，可以藉由不斷收縮肌肉，使身體和卵的溫度維持在恆定的高溫。相對地，內溫動物也經常利用外界環境調節體溫。筆者記得冬天的夜晚，在墾丁國家公園的南仁山進行調查時，經常發現一群水牛在避風的山坳，躲避強烈刺骨的落山風。

由上可知，蛇的體溫並非固定呈現低溫，而且體溫調節的方式也不一定藉由外在環境，因此冷血、變溫、外溫動物都不能完善地形容蛇這種生物。不過名詞終究只是方便我們稱呼某一群動物而已，找到完善的名詞固然重要，但更要緊的是，理解、釐清這些名詞和例外背後所代表的意義。

行為發燒

有些蛇類、蜥蜴、烏龜和鱷魚在生病時，會選擇高溫的環境提升自己的體溫，這樣的現象稱為「行為發燒」，因為牠們是利用行為的方式，使自己的體溫高於平常的體溫。研究發現如果不讓生病的個體做「行為發燒」，牠們的死亡率便會明顯升高，因此發燒可能是升高體溫，以增加抗病力的正面反應，並不一定是生病的附屬症狀。如果動不動就吃退燒藥，可能只會拖長生病的期間，就好像止瀉劑，可能會阻止我們將有害物質或病菌排出體外一樣。

休眠度寒冬

蛇的冬眠

冬天時，偶爾聽聞新聞媒體播放，處於冬眠期的蛇出沒住家附近，甚而咬傷人的駭聞。蛇會冬眠似乎是一件理所當然的事情，但是從學理的角度來看，冷血動物在低溫時不活動的狀態，是否符合冬眠的定義，可是迭有爭議呢！

標準嚴格難符合

真正的「冬眠」是指當環境不利於生存，溫度太低或食物缺乏時，動物會將體溫逐漸調節到接近環境的溫度，呼吸降至一分鐘僅率數次，同時新陳代謝率也顯著降低，以節約能源度過艱困的時期。多數冬眠的動物，都是經歷數次的睡眠與覺醒，才能將體溫逐漸調降至接近環境的溫度。期間如果體溫下降太低，動物也會甦醒，

●多數蛇類在冬天氣溫過低時會躲藏不動，等溫度變暖後再中斷休眠。圖為赤尾青竹絲。

拉高體溫，再緩緩降到預設的溫度值。簡而言之，冬眠意味著生物主動將體溫調節至預設值的現象，而非被動的讓體溫降至和環境一樣而已。

嚴格說來，若以上述做為冬眠的判斷標準，只有部分哺乳類符合，而沒有多少冷血動物能夠過關。冷血動物從生理上產生的熱能有限，又缺乏毛髮或羽毛協助維持體熱，因此冷血動物在低溫時不活動的狀態，是否符合冬眠的定義一直有所爭議。只有少數的蛇，比方歐洲的毒蝮（Viper aspis），即使在人工的環境下飼養多年，冬天時牠們仍會主動選擇較低溫的處所，顯示牠們具有冬眠的行為，且可能是內在的生物韻律所啟動。

短暫休眠避低溫

　　然而，有些蛇類因群聚度冬，全體的體溫也可以維持在一穩定的範圍，例如許多溫帶的響尾蛇（*Crotalus*）和帶蛇（*Thamnophis*）；而有些爬行動物在度冬前會主動到溫度較低的地方，也類似哺乳類主動調降體溫；還有在相同低溫的情況下，冬眠期的新陳代謝率也比非冬眠期低，顯示冬眠期代謝率的下降，不只是被動的隨著溫度的下降而降低，所以有學者建議使用不同的名詞 "brumation"，稱呼爬行動物的冬季休眠，以別於哺乳類的冬眠——hibernation，但並未受到廣泛的支持。

　　"hibernation" 源自拉丁文，其本義是躲藏和隔離，有些學者因而採用最寬鬆的定義：只要冬天有一段時間不活動就是冬眠。若依此定義，則溫帶和多數亞熱帶的蛇類在冬天時都躲藏不動也算是冬眠了。筆者的實驗室曾測試台灣的赤尾青竹絲，發現牠們在冬天時並不會選擇至較低溫的環境，新陳代謝率也沒有降低的現象，而且在冬天連續追蹤牠們的活動也發現，只要氣溫較高時牠們就會從躲藏處出來活動，顯示赤尾青竹絲冬天躲藏不活動，可能只是被動的受低溫影響，並未達到較嚴謹的冬眠標準，亦即沒有「真正的」冬眠行為。其實大多數的爬行動物都和赤尾青竹絲類似，一旦溫度變暖，便會中斷休眠，恢復活力。

●響尾蛇經常群聚在一起度冬，圖為林響尾蛇（小圖，Gregory Sievert 攝）的共同度冬窩。

雌雄莫辨？

蛇的性別差異

兩性的外形若有明顯的差別，在交配時比較容易找對對象，而不至於浪費時間或精力在確認對方的性別。但這是以視覺良好為基礎的觀點，哺乳類、鳥類和許多蜥蜴的視覺很好，所以牠們的兩性外形，多存有明顯的差異；而蛇類是以嗅覺為主的動物，因此兩性的外形，多半沒有顯而易見的差別。

一眼識分明

多數蛇的兩性外形差異，無法一眼看出，而是必須仔細檢查體型和鱗片的細節，前者包括吻肛長（吻部至泄殖腔）、尾長（泄殖腔至尾端）、尾寬、頭部大小或體重等。只有少數蛇類，可從外形迅速分辨出雌雄，例如馬達加斯加的葉鼻蛇（*Langaha*）、台灣的赤尾青竹絲。前者雌蛇吻部前端的鱗片會向前特化成葉叢狀，而雄蛇只是簡單的向前延伸，呈基部寬前端細的棒狀。後者在身體側下方的位置，即靠近腹鱗的體鱗，雌蛇只有一條白色的細縱紋，而雄蛇在此白縱紋之下，還緊接著一條紅色縱紋。不過也有例外的情況，有些赤尾青竹絲雌蛇也具有紅色的縱紋，有些雄蛇則只具有白色的縱紋。

可能因為雌蛇有生產大量後代的壓力，雌蛇的體型或體重多半比雄蛇大，愈大的雌蛇，一般可以生出愈多或愈重的小蛇。許多雌蛇在生產前的食慾，也明顯的比雄蛇好很多，以累積足夠的養分生產，所以在體長一樣的情況下，雌蛇也比較重。不過，少數種類的雄蛇在求偶時，會為爭取雌蛇而打鬥，這一類雄性的體型通常比雌性大。

細看小特徵

雌蛇的頭部通常也比雄蛇大，不過，偶爾也會有反過來的情況。已知荷爾蒙是導致美洲紅側帶蛇（*Thamnophis*

♀

♂

●赤尾青竹絲是少數可從外形，迅速分辨出雌雄的蛇類。

sirtalis parietalis）的兩性之間，頭部大小有差異的「近因」。如果將剛出生雄蛇的睪丸切除，則會長成較大的頭部，但若持續注入雄性激素，則會長成和一般雄蛇大小的小頭。造成兩性頭部大小差異的「遠因」，可能是天擇的壓力，同一種蛇因資源的需求最相近，種內的競爭也最嚴重，頭部大小不一樣，嘴巴的寬度也會不一樣，食物亦有所區隔，可以減少種內的競爭。

●一般雄蛇（下）尾
巴的基部明顯比雌
蛇（上）的寬厚。圖
為黑唇青斑海蛇。

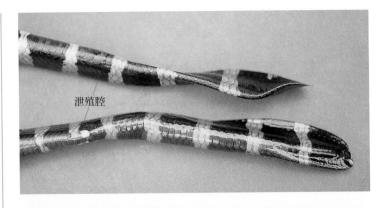

泄殖腔

●菊池氏龜殼花的
雄蛇，在泄殖腔附
近的鱗片有明顯的
稜脊。

泄殖腔

●葉鼻蛇雌蛇吻部
前端的鱗片特化，
有如鳳梨上的叢狀
葉片。
（Gregory Sievert 攝）

　　多數蛇類的雌性都有相對比例較高的吻肛長，而雄蛇的
尾長比例則常大於雌蛇。這可能是生產的天擇壓力所造成
的，因為吻肛長延長時，身體可以放置卵或胚胎的空間就
變大了；而且較長的尾巴，有利於雄蛇纏繞雌蛇，提高成

功射精的機率；或是因為雄蛇的尾部須要足夠的長度和空間，放置兩根半陰莖和收縮半陰莖的肌肉，而導致雄蛇大多具有較長且基部較寬厚的尾巴。

兩性間鱗片的差異，有些和體型有密切的關連，例如通常雌蛇的吻肛長較長，而雄蛇的尾巴較長，因此雌蛇的腹鱗數會較多，而雄蛇則是尾下鱗的數目較多。另外，雄蛇在求偶時，常常會用下巴緊貼雌蛇的背部，所以有些雄蛇下巴的鱗片會有小突起，雌蛇則無，如台灣的水蛇和唐水蛇。更常見的是，雄蛇在泄殖腔附近的鱗片有明顯的稜脊，而雌蛇的稜脊不是較小就是完全沒有。這些稜脊可能和下巴的小突起一樣，可以增加雄蛇在求偶時對雌蛇的刺激，也可能增加摩擦力，讓雄蛇較易掌控雌蛇的尾巴進行交配。

蛇的生殖器官

分辨蛇的雌雄最直接的方法就是觀察其交接器，不過，前提當然是你必須有機會握蛇於手上！

蛇和蜥蜴一樣，雄性都具有兩根「半陰莖」。早期的生物學家誤以為這兩根需合在一起才能使用，所以每根只具有一半的功能，而以「半陰莖」稱呼，現在已知任何一根都可單獨使用。半陰莖位於尾基的兩側，在泄殖腔開口之後很容易找到這兩個小洞口。如果使用一根鈍的器具，再抹上一點潤滑劑，緩緩的往尾端的方向，推進深約兩個指節的長度，那就是半陰莖的大致長度。雌蛇也有這兩個小洞，但只能推入約一個指甲的深度，就無法再深入了。

半陰莖平常被肌肉拉在尾基的鞘內，要交配時拉住半陰莖的肌肉放鬆，鞘周圍的血管充血之後壓力變大，外側的另一組肌肉收縮，協助擠壓內翻在鞘內的半陰莖，半陰莖就逐漸從基部外翻出來。如果用注射針筒從雄蛇尾巴的腹面打入液體，也可以逐漸壓出兩邊的半陰莖，或用手指由後往前擠壓雄蛇尾部的腹面，也常可以壓出一部分的半陰莖。

半陰莖的基部至頂端具有細溝槽，是輸送精子的管道，有些半陰莖在前端會分岔，輸送精子的溝槽也會跟著分岔。半陰莖上還有很多肉質突起，基部的突起通常較大，甚至已骨化成刺。蛇的四肢已退化，較不易抱穩彼此，刺狀突起可能有助於讓半陰莖穩固的置於雌蛇的泄殖腔內，以免在射精時功虧一簣。半陰莖的形態在不同種間變化很大，在種內則少有差異，因此常是蛇類鑑定或分類的重要依據。

通常雌蛇左右兩邊均有卵巢和輸卵管，且右邊的卵巢位於較前方，所以有較長的輸卵管。有些種類，如盲蛇科，只有右邊的卵巢和輸卵管。

●過山刀的半陰莖從尾基鞘內外翻出來，其上具有肉質突起。

何處覓芳蹤

蛇如何尋找另一半

蛇平時都是獨來獨往，只有少數蛇類在度冬時會齊聚一堂。因此每到繁殖季節，有如獨行俠的雄蛇必須在廣闊的世界裡，謹慎的搜尋雌蛇所遺留的蹤跡。遇到對手太多時，免不了還得上演一小段全武行呢！

憑本能尋配偶

大多數的蛇類必須靠著天生的本能來尋找另一半。繁殖季時，雌蛇背部的一些小腺體或泄殖腔內的腺體，會分泌費洛蒙吸引雄蛇，雄蛇便靠塗抹在地面或瀰漫在空氣中的味道，找到雌蛇。少數視覺發達的蛇類，如眼鏡王蛇（*Ophiophagus hannah*），除了會利用氣味尋找雌蛇之外，也會擅用視覺來搜索另一半。

對於會群聚一處的蛇，尋找配偶並不困難，但能否和雌蛇交配就得費點功夫了。最有名的例子是加拿大曼尼脫巴的美洲紅側帶蛇（*Thamnophis sirtalis parietalis*），成千上萬的蛇在同一個洞穴度冬，春天來時，雄蛇先外出在洞口活動，數天後，雌蛇一出洞口，成群的雄蛇便蜂擁而上，爭相與其交配。許多雄蛇與單一或少數雌蛇纏成一團，群體生殖的交配行為也發生在其他一些蛇種，譬如蘭嶼的闊帶青斑海蛇和黑唇青斑海蛇，會在相同的海邊洞穴內分別進行生殖活動。此外，婆羅州的黃唇青斑海蛇（*Laticauda colubrina*）、美洲的水蚺（*Eunectes murinus*）和歐洲的游蛇（*Natrix natrix*），則有多隻雄蛇試圖與單一雌蛇交配的紀錄。

●澳洲國王島虎蛇的雄蛇打鬥時，後半身相互緊密纏繞。
（Peter Mirtschin 攝）

打鬥退情敵

然而，並非所有蛇類的雄蛇，都可以忍受其他的雄蛇接近自己心儀的雌蛇。在尋找或已遇到雌蛇時，若再遭遇其他雄蛇，有些種類的雄蛇便會出現打鬥的行為，目前已在黃頷蛇科、蝙蝠蛇科、蝮蛇科和蚺蛇科四科的蛇類，記錄到此行為。

●有些海蛇為了繁殖會群聚一處。圖為闊帶青斑海蛇。

有些蛇打鬥時，只用身體的後半身緊密的相互纏繞，頭部會稍稍離開地面，如台灣的南蛇和眼鏡蛇、美洲的王蛇（*Lampropeltis*），以及澳洲的太攀蛇（*Oxyuranus*）。雄蛇測試彼此的力道，並試圖將對方壓制在地面。一些樹棲的蚺蛇則是前半身各自攀好枝條，後半身則纏在一起，並用尚未完全退化的後肢，用力的抓刺對方。有一些蛇類的身體幾乎不纏繞，只是彼此昂起前半身並高舉頭部，如非洲的曼巴蛇（*Dendroaspis*）和東南亞的眼鏡王蛇，牠們不斷的舞動上半身，並試圖將對手壓制下去。至於蝮蛇科的蛇類，如美洲的響尾蛇（*Crotalus*）和歐洲的蝮蛇（*Vipera*），則似乎是前兩類的交集，牠們的後半身會稍稍的纏繞，前半身和頭部也會高舉離地面，並試著將對方壓制下去，打鬥的時間通常數分鐘就結束了。少數的種類如黑唇牛蛇（*Pituophis melanoleucus*）和一些響尾蛇，爭鬥的時間可能超過一個小時。在一番爭鬥之後，自知力量或高度較遜的一方會迅速逃離。

雄蛇的纏鬥幾乎未發現訴諸利牙的情況，只有在黃頷蛇類，如非洲的假盾蛇（*Pseudaspis cana*），曾記錄到在纏鬥結束前有咬噬的行為，但時間非常短暫，勝利的雄蛇等對手逃走後，便繼續尋著味道，找到通常還在附近的雌蛇。

性

兩

奏鳴曲

蛇的求偶與交配

　　可能受到感覺器官是以嗅覺為主的影響,蛇類的求偶行為很少有繁複的行為表現,不同種類間的差異也不大。不過,這可絕非「草草了事」,為了讓自己的基因流傳後代,有些雄蛇會讓雌蛇穿上「貞操帶」;而部分雌蛇為了「優生學」,甚至演化出儲藏精子、延遲受精的本事!

求偶交配花樣少

　　雄蛇找到雌蛇後,通常都會用吻端或下巴碰觸雌蛇的身體,雌蛇一旦爬離,雄蛇便緊隨在後,此外,雄蛇也常趴在雌蛇身上,並不時的抖動頭部。雄蛇對雌蛇的身體碰觸,不只是在提高雌蛇接受交配的意願,有些種類的雌蛇也受此調情動作的刺激,而將卵巢內的卵子排入輸卵管內。如果雄蛇的持續碰觸,未能打動雌蛇芳心,雌蛇便會揚長而去。否則在一段時間的調情之後,雄蛇會接著用尾巴纏繞住雌蛇的尾部,並將其微微提高,讓

●蛇求偶交配的花招較少。圖為交配中的青蛇。

雌蛇的泄殖腔顯露出來，然後雄蛇身上靠近雌蛇那邊的半陰莖，便會逐漸翻入雌蛇的泄殖腔內。

目前發現少數的蛇在交配之前，雄蛇會咬住雌蛇的頸部，直到交配完成才放開，例如美洲的牛蛇（*Pituophis*）、王蛇（*Lampropeltis*）及歐洲的方花蛇（*Coronella*），還有部分鼠蛇（*Elaphe*）。這種交配前的咬頸行為在蜥蜴很常見，其功能主要在協助雄蜥能穩定位置，以利交配，但在蛇類有何功能仍未明。

● 雄蛇找到雌蛇後，通常會緊隨其後或纏住雌蛇。圖為求偶中的飯島氏海蛇。（蘇焉 攝）

蛇類交配的時間通常短於一小時，快的幾分鐘就結束了，例如美洲的狐鼠蛇（*Elaphe vulpina*），但有些種類較長，如西部菱斑響尾蛇（*Crotalus atrox*）可以長達 29 小時；筆者的實驗室曾經觀察台灣的一對大頭蛇，交配時間達一天以上；另外記錄了六次菊池氏龜殼花的交配時間，從 2～6 小時不等。交配時若被天敵發現，很容易遭捕殺，因此天敵壓力較大的種類，交配時間會有縮短的傾向。交配時間愈長，則可以減少雌蛇和其他雄蛇再交配的機會，進而增加雄蛇基因散播的數量。

基因傳存有妙方

蛇類並沒有固定的配偶，在繁殖期內，兩性都可能和其他個體多次交配。不過，有些雄蛇在交配之後，可能停留在雌蛇身邊一段時間，再次和同一隻雌蛇交配。而在雌性身邊守候，趕走所有可疑的雄性，是許多雄性動物慣用的手法，但要減少雌蛇和其他雄蛇交配的方法，並非如此不可。另一種有趣的方法是強迫雌蛇穿「貞操帶」。

美洲的一些帶蛇，如巴特帶蛇（*Thamnophis butleri*）和帶蛇（*Thamnophis sirtalis*），雄蛇在交配後會排出富含蛋白質和脂肪的膠狀塞子，緊密的塞住雌蛇的輸卵管開口，

●交配中的闊帶青斑海蛇，箭頭為雄蛇的半陰莖。

●西部菱斑響尾蛇的交配時間可以長達29小時。
（Gregory Sievert 攝）

經過2～4天，這個塞子才會鬆動而排掉。實驗結果顯示在48小時之內，都沒有雄蛇試圖和剛交配完的雌蛇交配。如果將塞子取出，再以清水洗滌雌蛇的泄殖腔，雄蛇就會想與牠交配。但在48小時之內，雌蛇並不會接受其他雄蛇的求偶，所以塞子不只會退卻其他的雄蛇，也讓雌蛇喪失再交配的慾望。塞子應該是透過化學的味道，讓其他的雄蛇放棄追求雌蛇，如果將塞子的內含物塗抹在正常的雌蛇身上，其他雄蛇也會對牠喪失興趣，但將味道洗淨後，便會有雄蛇前來求歡。

在動物界，雄性傾向於到處拈花惹草，這是因為雌性產下的子代並不一定有牠的份，而雄性又可以製造數量龐大的精子，到處交配可以增加牠的基因散播，所以雄性試圖與許多雌性交配並不稀奇。

至於雌性的卵子掌握在自己體內，產下的後代一定有一半是牠的基因，且產生的卵子有限，到處招蜂引蝶不見得對基因的散播有利，所以雌性的生殖策略，通常是謹慎的選擇品質良好的雄性個體後，才以身相許。然而，如果雌性也可以產出相當可觀的卵，如昆蟲；或不容易慎選配偶，如蛇類（因不易藉由嗅聞的方式判斷對方是否身強體健）則和多一點的雄性交配，倒可以增加子代的變異性。這樣的策略好比當不確定哪一項投資理財是穩賺不賠時，就不要把雞蛋全放在同一個籃子的做法。台灣的赤尾青竹絲，雌蛇的輸卵管前端，具有儲藏精子的構造，精蟲可以存活數個月，甚至達好幾年。這樣的能力讓牠們可以從容地累積不同雄蛇的精子，因此單獨飼養很久的雌蛇經常還能成功生子。而中南美洲的森王蛇（*Drymarchon corais*）和貓眼蛇（*Leptodeira annulata polysticta*）在各自與雄蛇隔離52和60個月後，亦曾有成功生產的紀錄。

蛇的生殖

蛇類在地球上至少存活了一億三千萬年，其中有些種類滅絕消失，有些則源遠流長，牠們如何繁衍子孫，讓後代生生不息呢？大多數的現生蛇類都是進行有性生殖，只有盲蛇可以行無性的孤雌生殖。至於蛇類受精卵的發育方式則包括卵生與胎生兩種。

有性無性各有利弊

顧名思義，「孤雌生殖」就是只需要雌性就可生殖下一代的無性生殖。無性生殖是最原始的生殖方式，早期的單細胞生物一分為二就是一種無性生殖。但無性生殖不僅限於簡單的生物，許多複雜的植物和動物也都保有這種生殖方式。在有性生殖裡，雄性會貢獻另一半的染色體，使下一代的基因組合有許多的變異；而無性生殖除了難得發生的基因突變外，下一代的基因和母體是完全一樣的。不過無性生殖便於快速擴散族群，所以盲蛇的

●蛇類的卵大多呈橢圓形。圖為過山刀的卵。

分布廣泛，但因為缺少變異性，只能生存在穩定的環境，當環境大幅度改變時，很容易一下子就全數滅種。

卵生和胎生都屬於有性生殖。卵生是較原始的生殖方式，後來才逐漸演變成胎生。胎生的好處是胚胎可以受到較完善的保護，譬如減少掠食者的捕食、真菌的感染，或提高水分和溫度的恆定性，改善胚胎的發育環境，但這些好處必須付出代價，增加母親的負擔。胚胎發育時間愈長，母體能順利攝食的時間便相對縮短，可以再生一胎的機會也變小。而且懷孕時增加的體重，會降低母體的爬行速度，被天敵捕殺的機會也因而上升。總而言之，卵生和胎生兩者各有利弊得失，可從環境壓力和物種的個別特質，來理解每一物種的生殖策略。

環境惡劣多胎生

　　外在環境如果非常不適於產卵，則胎生的族群自然容易被選擇下來。寒冷地區是最常被提及的例子，在如此惡劣的環境所生產的卵，很可能根本無法孵化。反之，新生命

●蝮蛇科蛇類大多胎生。圖為生產中的菊池氏龜殼花雌蛇，橙色部分為未受精的卵。

如果保留在母體內，雌蛇可以主動
選擇較溫暖、有利於胚胎發育的環
境。因此緯度較高的地區，胎生蛇
類的比例較高，譬如北美洲北緯
25～30 度的地區，只有 25％的蛇
類是胎生的；而在北緯 50～55 度
的地區，胎生的蛇類高達 60％以
上。甚至同一種蛇在不同的緯度，

●卵生是較原始的
生殖方式。圖為台
灣鈍頭蛇和其卵。

就有不同的生殖方式，例如地中海蝮（*Vipera lebetina*）在
塞普魯斯島的族群是胎生的，但分布在較南邊的中亞族群
則是卵生的。另外，海拔也有類似的趨勢，在墨西哥地
區，海拔 1300 公尺以下時，有 25％的蛇是胎生的；海拔
1750 公尺以上時，胎生的蛇類高達 67％以上；而當海拔
在 2000 公尺以上時，只有 5 種蛇類還可以存活，牠們全
都是胎生的種類。此外，全世界分布海拔最高（5000 公尺）
的現生蛇類，喜馬拉雅頰窩蛇（*Gloydius himalayanus*）也
是胎生的。

太潮濕、太乾燥或環境多變不易預期的地方，也容易促
使蛇類採取胎生的策略。譬如海洋是不易孵卵的環境，卵
生到海裡很快就會變成「鹹鴨蛋」，根本無法孵化，所以
全世界約 50 種海蛇中，94％都是胎生的，只有 3 種闊尾
海蛇（*Laticauda*）是卵生的。還有一些長期逗留在淡水
的蛇類也常有胎生的傾向，因為泡在水裡太溼且得不到足
夠的氧氣，不利於卵的孵化，如水游蛇亞科的蛇都是胎生
的。

物種的個別特質也可能促使胎生的產生，例如體型大或
毒性強的物種，牠們的天敵本來就少，懷胎時因重量增加
而導致行動不便，易被捕殺的風險相對較少，所以較有條
件朝向胎生演化。蝮蛇科和蝙蝠蛇科是全世界主要的毒蛇
類群，前者體型多短胖，且有不少生活在高緯度或高海拔
的物種，牠們也如預期般，有許多胎生的種類；不過，蝙

●分布可達海拔
5000公尺的喜馬拉
雅頰窩蛇,屬於胎
生。
(Frank Tillack 攝)

蝙蛇科之中,除了海蛇之外,陸生的蝙蝙蛇類卻大多是卵生的,這可能受到棲息環境、體型和覓食策略所影響。牠們大多分布於熱帶地區,體型細長,採取遊獵型的攝食策略,不像蝮蛇類多為坐等型、身體較粗胖,所以胎生的情況自然少得多。

血緣遺傳影響大

身體細長的蛇類大多具備快速行動的能力,牠們依此來捕食或逃避敵害,所以胎生對牠們的負面衝擊遠比短胖蛇類大。一些爬行快速的無毒蛇,如台灣的過山刀、南蛇、美洲的遊蛇(Coluber)、鞭蛇(Masticophis)、非洲的花條蛇(Psammophis)和澳洲的快速澳蛇(Demansia)等都是卵生的。此外,穴居的蛇類常生活於熱帶地區,溫暖溼熱的環境非常有利於卵的孵化,所以多為卵生,只有少數是胎生的,如東南亞的圓尾蛇科和中南美洲的筒蛇(Anilius scytale)。

可塑性高的蛇類,容易隨著不同的生存壓力調整生殖方式;而較保守或有其他彌補措施的蛇類,就容易維持原來的生殖方式,因此血緣遺傳,即祖先的生殖方式也是會影響胎生或卵生的重大因素。例如穴居的盲蛇次亞目隱蔽性高,不易被天敵發現,應該較易演化出胎生的生殖方式,但牠們都還維持著原始的卵生方式。蚓蛇科的蛇也似乎深受遺傳的影響,主要分布在新大陸的蚓蛇亞科蛇類都是胎生的,而分布在舊大陸的蟒蛇亞科都是卵生的物種,雖然

有些蟒蛇的體型很大，有足夠的條件走向胎生，但牠們仍維持卵生的生殖方式，也許是蟒蛇大多有孵卵的行為，這樣的行為類似胎生，可以對發育中的胚胎有較好的保護，因此沒有必要改成胎生的方式。

卵胎生不見了？

坊間有些書籍，將「卵胎生」羅列為蛇類的生殖方式之一，為何本書卻沒有提及呢？

早期的動物學者在研究動物的生殖方式時，注意到哺乳動物的胎生和另一些動物的胎生並不相同，哺乳類的胚胎藉由胎盤的構造和母體相連，並從母體獲得所需要的養分，而另一些動物的胚胎是自給自足，無特殊構造和母體相連，因此用「卵胎生」來稱呼這樣的生殖方式，以別於哺乳類的胎生。

但當動物學者愈深入了解時，愈發現所謂卵胎生和胎生的區隔並不清楚，因為整個過程其實是一個連續的變化。一開始只是受精卵延長在母體內的逗留時間，然後可以逗留更久，到接近孵化才排出母體，但畢竟在母體內時，卵黃的量還相當多，所以原則上尚可自給自足。隨後有些種類的卵黃明顯變少，如果沒有從母體獲得養分，顯然無法發育成幼體，後來更發現有些蜥蜴和蛇，例如帶蛇（*Thamnophis sirtalis*），也有類似胎盤的構造，即使沒有明顯的養分供給構造，也不能保證牠們的胚胎真的沒有從母體獲得養分。澳洲的伊澳蛇（*Pseudechis porphyriacus*），母體內的電解質和胺基酸，藉由細胞膜上的離子通道或胞飲作用，亦能順利的傳到胚胎體內，顯然不一定要有胎盤的構造，母體才能將養分傳給胚胎，因此要界定一種爬行動物是卵胎生或胎生並不容易。

早在 1952 年便有學者提出，卵胎生和胎生的區分並不精確，也過於武斷，這樣的看法後來又陸續受到其他學者的支持，所以在 1970 年，當爬行動物學者統整這類動物的生殖方式時，便丟棄了卵胎生（ovoviviparity），只區分為胎生（viviparity）和卵生（oviparity）兩種生殖方式。現在有關兩生爬行動物的書籍或學術期刊，幾乎看不到「卵胎生」一詞。

目前認定的「卵生」是指幼體一出母體時尚有卵殼，且通常還需數天或大多在數月後才能孵化者；而「胎生」則指幼體一出母體時，胚胎已完全發育好，有時剛出生的幼體會包覆在薄薄的膜內，經過數天後才出來，有時在母體內或一出生即破膜而出，且一出來便能獨立行動或進食。這樣的界定不會有模擬兩可的中間物種，所以普遍受到兩生爬行動物學者的採用。

●澳洲的伊澳蛇即使沒有胎盤的構造，母體內的電解質和胺基酸也能順利的傳到胚胎體內。（Peter Mirtschin 攝）

蛇的生產量與頻率

雌蛇為了繁衍後代，消耗的能量頗大，而且還得擔負風險，譬如活動力減弱，易被天敵捕食。不同種類的雌蛇，因應環境資源與自身條件，生產數量和生殖頻率亦有差異，牠們必須量力而為，實行適合本身的「家庭計畫」！

產量差異大

蛇的生產數量差異很大，從 1 至 100 以上都有，但最常見的範圍為 2 至 16。目前產量最高的紀錄是 157 隻小蛇，由捷克動物園內一隻身長為 1.1 公尺的膨蝮（*Bitis arietans*）所保持，這種胎生的蛇每次可生產 20 隻以上的小蛇。其他多產的紀錄還有澳洲的虎蛇（*Notechis scutatus*）一次可生 109 隻小蛇、東南亞的緬甸蟒一窩則產下 107 枚卵，和美洲的北美泥蛇（*Farancia abacura*）最多生了 104 枚卵。

生產的數量除了因種類而不同，同一種蛇的產量也常隨雌蛇的體型變化，愈大產量愈多。一隻 3 公尺長的網紋蟒

●蛇最常見的生產數量是 2 至 16。
（王緒昂 攝）

（*Python reticulatus*）大約一次僅生產 15 枚卵，但 6 公尺長的雌蛇就可生下 100 枚卵。緯度和海拔也會影響同一種蛇的生產量，一般緯度或海拔較高的族群有較多產的傾向，例如美洲的銅頭蝮（*Agkistrodon contortrix*），緯度由北到南的平均產子數分別為：6.2、5.3 和 3.0；而高、低海拔的岩響尾蛇（*Crotalus lepidus*），其平均產子數則為 6.0 和 3.9。

頻率不同調

　　雖然許多蛇類一年只生產一次，且常在春夏之際生產，但少數的蛇類，在環境合適和資源充足的情況下，也能一年生產一次以上。筆者的實驗室飼養的一隻紅斑蛇就曾在同年的春天和夏天分別產下 10 和 8 枚卵；中美洲的棋盤紋帶蛇（*Thamnophis marcianus*）和巴西的綠滑蛇（*Liophis viridis*），也有一年多產的紀錄。

●虎蛇曾經一次生下 109 隻小蛇。
（Peter Mirtschin 攝）

　　反之，有些蛇類則是多年才生產一次。溫帶地區適合蛇類活動的時期較短，雌蛇無法在有限的時間內，累積足夠的能量生產下一代。或是胎生的蛇類，胚胎在母體內發育的時間，讓雌蛇不易攝食補充能量，生產後雌蛇通常無法在隔年補足生產的能量。所以溫帶或胎生的蛇類經常會兩年，甚至長達五年，才能生產一次。台灣的赤尾青竹絲在生殖季期間，成熟的雌蛇只有約一半的個體是處於生殖狀態，因此雌性赤尾青竹絲應該是兩年生殖一次，但是體長較大的雌蛇，在生殖季時能夠生殖的比例較高，所以比較大型的雌蛇，可能可以每年生殖一次。菊池氏龜殼花是台灣特有種蛇類，侷限分布於台灣的高山地區，牠們也不會每年生產。

●棲息緯度愈高的銅頭蝮，平均產子數愈高。
（Gregory Sievert 攝）

相對窩重

　　卵或幼蛇的總重量佔雌蛇體重的百分比，稱為「相對窩重」（Relative Clutch Mass；RCM），範圍在 10～45%。這個比值的大小可能會影響雌蛇的活動靈敏度，進而影響其生存，所以和蛇類的生活習性常有密切的相關。胎生蛇類的胚胎在雌蛇體內發育，如果相對窩重大，對雌蛇的負面影響更大，因此胎生蛇類的 RCM 通常較低，而卵生蛇類的 RCM 常超過胎生蛇類的 20%。另外，水棲蛇類游泳時如果在身體後方放了太多的卵或胚胎，也容易減弱其游泳能力，所以水棲蛇類的平均 RCM 只有 23%，比一般陸棲蛇類的 30% 低。類似的，需要靠快速爬行能力捕食或逃避被捕食的蛇類，RCM 也較低。

新生伊始

小蛇的出生過程

卵生的小蛇需要多久時間孵化呢？多數約一、兩個月後便可孵化，但也有少數種類孵化的時間竟長達十個月。卵生小蛇必須利用吻部尖細的卵齒破殼而出；胎生的小蛇則一出母體，便可以自由行動。不論卵生或胎生的小蛇，出生不久後便得自力更生，獨闖天涯。

溫度影響孵化

一般蛇類的卵多在一、兩個月後孵化，稍長的，像台灣的闊帶青斑海蛇需四至五個月才會孵化，更長的甚至需十個月才能孵化，如南美洲的雙點滑蛇（*Liophis bimaculatus*）。有些卵生的蛇類已逐步朝胎生的方向演化，因此胚胎雖已發育，但仍繼續待在母體內，生出時胚胎已大致發育完成。這類的卵通常生出後，不須太久即會孵化，如琉球群島的琉球龜殼花（*Trimeresurus okinavensis*）和美洲的滑綠蛇（*Opheodrys vernalis*），只要3～5天就會孵化。

不過，溫度顯然會影響孵化期的長短。一般而言，溫度較高，胚胎的發育速度較快，孵化期就會縮短。在溫度為25～32℃，潮濕而溫暖的環境下，台灣的紅斑蛇經46天孵化，倘若溫度維持在25℃或稍低的情形下，則約53天才會孵化。然而，太高或太低的溫度，都會降低胚胎的存活率或產生畸形的胚胎，較不嚴重時，

● 小蛇破殼而出後，便可能停止不動達一小時。圖為剛破殼而出的緬甸蟒。

● 赤尾青竹絲的小蛇，在泄殖腔口正待破膜而出。
（王緒昂 攝）

則會改變身體的鱗片數。另外，許多爬行動物的性別，是由胚胎發育時的溫度高低決定，例如鱷魚、烏龜和部分種類的蜥蜴，但蛇類的性別卻絲毫不受溫度影響，全由性染色體決定。

●琉球龜殼花的卵孵化期很短。
（Masahiko Nishimura 攝）

自力更生的小蛇

蛇卵是革質的，似皮革般具有彈性，不易破裂，因此卵生的小蛇欲破殼而出時，必須利用吻部尖細的卵齒，在卵殼上劃破 2～3 道的裂口，然後從其中一個裂口，緩緩的探頭出來並吐信。通常小蛇孵出不久後，卵齒就脫落了。不過，小蛇破殼而出的過程通常時間很長，例如小蛇的吻端露出卵殼後，便可能停止不動達一小時。小蛇不僅喜愛賴在溫溼的卵內不出來，而且很容易受到外界的干擾，再縮回卵殼內，有時從劃破卵殼到完全出來須歷經數天。筆者曾經觀察 3 隻紅斑蛇小蛇的孵化過程，約經歷 10～20 小時才完成。孵出的小蛇可能繼續逗留在巢內數天，才四散而去，有些會等到第一次蛻皮才離去。第一次蛻皮通常在孵出後 7～10 天以內發生。

雌蛇懷胎的時間通常很難確定，因為不知何時開始受精，但理論上懷胎的時間長短和一般卵生小蛇所需的孵化時間應相去不遠。胎生的小蛇一出雌蛇的泄殖腔，就可以自由行動。有些種類產出時，身體還包裹著一層薄薄的膜，但絕不會有卵殼，之後小蛇才破膜而出，如台灣的菊池氏龜殼花。有些在泄殖腔內或泄殖腔口就已破膜而出，如水蚺和赤尾青竹絲。

通常胎生小蛇出生時腹腔內還儲有一些養分，所以牠們在一、兩週內還不用進食。出生時體型較大或養分儲藏較充足的小蛇，因為有較充裕的時間等到第一頓美食，存活率亦較高。隨後，胎生小蛇得獨立覓食，父母親不會協助牠們。牠們和卵生小蛇類似，出生後可能在原處逗留數天才四散離去。

●孵化溫度太高或太低，都會降低胚胎的存活率或產生畸形的胚胎。圖為脊椎骨扭曲的玉米蛇白子。

首

蛇的父母經

蛇類有許多呵護新生後代的方法，有些雌蛇努力尋覓適當的產卵場；機伶一點的，則會利用別的動物的巢，更屬害的則會自己築巢。還有令人意想不到的是，被視為冷血動物的蛇，也會想辦法孵卵！甚至有些雌蛇還會守護新生的小蛇呢！

英雌所見略同

●闊帶青斑海蛇和黑唇青斑海蛇在此洞穴的高處產卵。小圖為闊帶青斑海蛇的卵和仔蛇的蛇蛻。

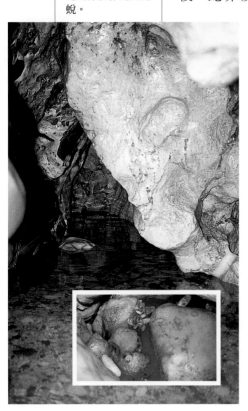

蛇的卵殼是柔軟的革質，不像鳥蛋的殼是硬的石灰質，而且蛇卵殼上的孔隙很多，水分通透性很高，可以從外界環境吸收水分，進行氣體交換。所以在自然的情況下，雌蛇通常會選擇陰溼的環境產卵，一小段時間後，蛇卵吸水而重量增加，外形也變得飽滿充實。反之，在稍乾燥的地方，卵殼很快就會因脫水而向內皺縮，情況若未改善，胚胎就會失水死亡。

有些地區適合的產卵場不易尋覓，雌蛇會重複使用同一個產卵場，或是多隻雌蛇看上同一個產卵場，皆在此產卵。例如歐洲的游蛇（*Natrix natrix*）常集體在農耕區的人為草堆或鋸木屑堆內產卵，因為這種環境可以提供良好的溫度和溼度，有利胚胎的發育，有時候一次可以發現上千個卵。

甚至不同種類的雌蛇也會所見略同，看上同一個產卵場，而且屢見不鮮。譬如曾有中美洲的大眼蛇（*Leptophis ahaetulla*）和貓眼蛇（*Leptodeira annulata polysticta*），一起在離地高 12 公尺的竹筒內產卵；安第斯山食蝸蛇（*Dipsa oreas*）的數窩卵和兩百顆以上的蜥蜴蛋，曾共同在地下岩縫內被發現。另

有，總數至少 50 隻以上的四種美洲蛇類（遊蛇，*Coluber constrictor*；尖尾蛇，*Contia tenuis*；環頸蛇，*Diadophis punctatus* 和黑唇牛蛇，*Pituophis melanoleucus*）在同一個岩壁斜縫內，產了近 300 顆的卵。

筆者亦曾在蘭嶼岸邊的礁石縫內，找到一個闊帶青斑海蛇和黑唇青斑海蛇共用的產卵場。此石縫的開口很小，剛好容得下一個人側身擠進去，裡面的空間則較大。退潮後，洞內的海水面仍接近膝蓋的高度，海蛇則會選擇離地 3 公尺以上，海水達不到的高處窪洞產卵，這些產卵處很潮溼，會有淡水從上方滴下來。海蛇顯然也會在人上不去、更高處的一些小縫隙上面產卵，因為颱風過後會有新的卵和破卵殼從上面掉下來。

有些機伶的雌蛇懂得善用其他動物的產卵場。例如螞蟻或白蟻的巢穴經常可以維持穩定的溫溼度，是良好的孵卵

●龜殼花產卵後會留下來護卵。
（黃光瀛 攝）

●碧玉林蛇會利用
螞蟻或白蟻的巢穴
孵卵。
（Gernot Vogel 攝）

場所，已知至少有18種以上的蛇類，會利用這樣的環境產卵，牠們多半是熱帶的蛇種，例如爪哇的白點林蛇（*Boiga drapezii*）和碧玉林蛇（*B. jaspidea*）、阿根廷珊瑚蛇（*Micrurus frontalis*）、烏拉圭滑蛇（*Liophis obtusus*）和兩種盲蛇。有些雌蛇則會和其他的烏龜一樣，將卵產在密西西比鱷魚的巢內。鱷魚的巢是由許多腐葉泥巴堆起來的，不但溼度沒問題，腐敗的枝葉發酵時產生的熱氣，還有助於卵的孵化，而且兇悍的雌鱷魚在守衛巢穴時，也同時保護雌蛇的卵。

築巢護卵靠自己

雖然四肢退化，有些蛇類竟然能夠自己築巢！例如美洲的黑唇牛蛇（*Pituophis melanoleucus*），雌蛇會花兩、三天的時間在沙質的土壤，挖深約15公分、長1～3公尺的洞，然後在溼度適合的洞內產卵，並在隔年回來使用相同的巢穴。眼鏡王蛇也是目前少見會自己築巢的蛇類，雌蛇偏好在竹林內，將枯枝落葉堆疊在一起，然後將卵產於其內。

縱然大多數的蛇類在產完卵後便離去，仍有少數蛇類會留守在卵旁，如台灣的龜殼花、百步蛇和眼鏡蛇。美洲的北美泥蛇（*Farancia abacura*）還會自己挖個小洞，雌蛇產卵後便盤在卵上保護數週。眼鏡王蛇不僅會築巢，還會主動護卵，一旦有可能的敵害接近時，雌蛇便會主動迎敵。眼鏡王蛇是全世界最大型的毒蛇，全長可

達 5.6 公尺，牠的前半身舉起來時可高達 1.8 公尺，這樣的姿態足以嚇退絕大多數的天敵。

蛇是冷血動物，大多無法像溫血的鳥類那樣用自己的體溫孵卵，只有少數大型的蟒蛇，例如東南亞的緬甸蟒和澳洲的鑽石蟒（*Morelia spilota*）能產生足夠的體熱孵卵，雌蛇將卵圍在中間，並不時的收縮肌肉顫抖身體以產生熱能，外界氣溫愈低時顫抖得愈頻繁。緬甸蟒可以讓卵的溫度維持在 30〜34℃，而鑽石蟒也可以達到 28〜33℃。一些小型的蟒蛇則會爬到高溫的地面，或是利用曬太陽的方式，讓體溫上升後，再回來盤在卵的周圍。胎生的雌蛇雖然不需孵卵，但亦常利用微棲環境取暖，以利胚胎發育，例如美洲的菱斑水蛇（*Nerodia rhomb-ifera*）平常的偏好溫度是 25℃，但在懷孕期間則會選擇 28℃的溫度。

胎生的小蛇出生後，有些雌蛇會陪伴小蛇，在隱蔽處逗留一週左右，如食魚蝮（*Agkistrodon piscivorus*）和林響尾蛇（*Crotalus horridus*）。雌蛇也可能將一些生出後就已死亡的胚胎吃掉，避免死胎引來螞蟻或其他的天敵傷害健康的小蛇，台灣的菊池氏龜殼花和美洲的水蚺（*Eunectes murinus*）都曾有此行為紀錄。

●眼鏡王蛇不僅會築巢，還會將前半身舉起來以嚇敵護卵。
（Ashok Captain/Indian Herp. Soc. 攝）

●水蚺吞食未受精的卵，以避免引來螞蟻或其他天敵傷害健康的小蛇。
（Carol Foster 攝）

蛇的成長與壽命

蛇長多快？可以活多久呢？蛇的成長速度受到遺傳、體型、性別等影響，通常小型蛇類的成長速度比大型蛇類慢；同一種蛇的兩性之間則常有不同的成長速率，但不一定哪個性別的成長速率較快。此外，蛇的壽命大多約 10～30 年，目前最長壽的紀錄是 47 年。

一眠大一吋

蛇成長時，和其他脊椎動物一樣，是每一片鱗片或每一塊脊椎骨變大，而不會增加鱗片或脊椎骨的數目。雖然蛇長到一定的程度會有蛻皮的現象，但不像昆蟲和甲殼類等節肢動物，在蛻殼後體型明顯變大。節肢動物的外殼不具伸縮性，在兩次蛻殼之間身體無法變大，所以必須等剛蛻殼、新殼尚未變硬時撐大身體。但是蛇的皮是軟的，且有一定的延展性，在兩次蛻皮之間，身體仍可持續增大，只是大到某個程度後，外表皮不易再伸展時就蛻掉舊皮。所以蛇的成長愈快，蛻皮的頻度也愈高，但蛻皮不一定受成長影響。

蛇類從出生到性成熟之前，成長的速度最快，尤其在第一年時，許多蛇類都可以增長一至兩倍的體長，譬如剛出生的赤尾青竹絲，體長約為 26

●菊池氏龜殼花的成長緩慢，雌性從出生到可以生產需三年以上。圖為母蛇與小蛇。

公分，一年後可長到 53 公分。不過，生活在高海拔山區的蛇類，成長速度較慢，例如菊池氏龜殼花需要兩年的時間，體長才能增長一倍。

不同的種類達到性成熟的時間不同，快的在一年以內就能達到性成熟，如赤尾青竹絲的雄性，十個月左右就能達到性成熟體長；慢的像菊池氏龜殼花的雌性，需三年以上才能達到性成熟；一些瘰鱗蛇（*Acrochordus*）和林響尾蛇（*Crotalus horridus*）的母蛇，甚至需要四年以上才能達到性成熟。一些中小型的蝙蝠蛇和卵生的黃頷蛇類，長到出生體長的兩倍時就已達到性成熟，而其他許多蛇類都要長到出生體長的兩倍半至三倍才會達到性成熟。反之，如果沒有出生幼蛇的體長資料，從該蛇種最大的體長資料也可以略知手邊的蛇是否已達到性成熟，許多蛇類的體長若已長到該蛇種最大體長的 60～75％，便極可能已達到性成熟，而中型的蝙蝠蛇類則只要長到該蛇種最大體長的 50％，就可能達到性成熟。

●球蟒是目前飼養最久的蛇類，共活了 47 年。

成長後速度變緩

蛇性成熟以後，成長速率明顯下降，且年齡愈大成長愈慢，最後幾乎沒有明顯的成長。雌蛇性成熟後，大多數多餘的能量都消耗於生殖，所以通常性成熟後，成長的速度比雄蛇更慢。

蛇的壽命大多在 10～30 歲之間，目前飼養最久的紀錄是美國費城動物園的球蟒，從性成熟不久就進動物園，到死亡時共經過 47 年。台灣很常見的紅斑蛇，在費城動物園曾活了 13 年 8 個月又 27 天。一些常見的寵物蛇最長的壽命分別為：紅尾蚺，40 年；緬甸蟒和網紋蟒（*Python reticulatus*）皆為 28 年；玉米蛇和加州王蛇則分別是 21 和 33 年。

●加州王蛇是台灣常見的寵物蛇，壽命約 30 年。

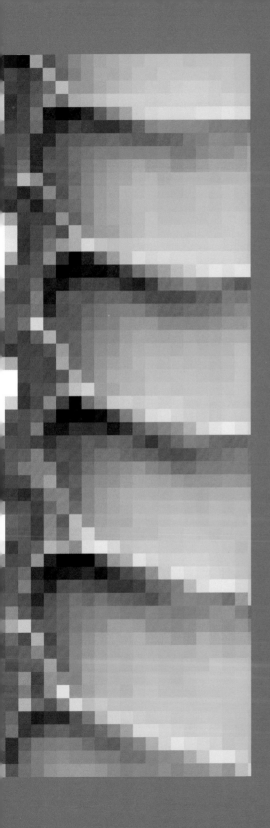

生態大驚奇

蛇的生存絕活

螞蟻也會吃蛇？

響尾蛇為何要響尾？

蛇也會裝死？

蛇會斷尾嗎？

海蛇為何不會脫水致死？

海蛇可以憋氣多久？

棲息在沙漠的蛇如何省水？如何應付高溫？

穴居蛇會挖洞嗎？

孫叔敖打的兩頭蛇是什麼蛇？

樹蛇垂直上爬時為何不會貧血頭暈？

蛇也會飛嗎？

蛇的天敵

蛇捕食許多類別的動物，但同樣的，也有許多動物以蛇類為食，小至螞蟻，大至獅子，甚至蛇自己本身，都是蛇的天敵。不過，蛇類的頭號剋星則是人類，人類所造成的棲地破壞，正是現今許多蛇類瀕臨滅絕的主因。

1 號天敵：無脊椎動物

想不到渺小的螞蟻也會吃蛇吧！引進至美國東南部的火蟻（*Solenopsis invicta*）經常會攝食蛇卵甚至幼蛇，已經影響一些地棲性卵生蛇類的族群數量。而體型較大的無脊椎動物，要捕食小型的蛇類或幼蛇更無問題，例如北美洲乾旱地區的大型毒蠍（*Hadrurus*），其食物組成中約有 10% 是西部盲蛇（*Leptotyphlops humilis*）；巴西的大黑毛蜘蛛（*Grammostola*）具有足夠的毒液可以殺死幼蛇。

此外，比上述天敵體型更大的螃蟹，也會捕食眼鏡王蛇（*Ophiophagus hannah*）的幼蛇。

2 號天敵：魚和兩生類

蛇若進入水域便可能被魚類攻擊，即使兇猛的毒蛇，如黑曼巴蛇（*Dendroaspis polylepis*）和膨蝮（*Bitis arietans*）都曾被魚類捕食。海蛇因具有劇毒，天敵並不多，但一些鯊魚，尤其是虎鯊（*Galeocerda cuvieri*）的胃內經常有一條以上的海蛇。

兩生類雖然主要以無脊椎動物為食，但中大型的兩生類可能有捕食蛇類的機會。小鰻螈（*Siren intermedia*）的身長約 40～66 公分，牠們曾經攝食條紋螯蝦蛇（*Regina alleni*）。大型蛙類甚至可以吞食一些成蛇或具有劇毒的蛇類，例如美洲牛蛙（*Rana catesbeiana*）和非洲牛蛙（*Pyxicephalus adsperus*）分別捕食過金黃珊瑚蛇（*Micrurus fulvius*）和一整窩噴毒眼鏡蛇（*Hemachatus haemachatus*）

●大冠鷲是捕蛇的能手，所以又名蛇鷹。（大圖，黃光瀛 攝）

的幼蛇。南美巨蟾（*Bufo marinus*）引進澳洲後，曾一度危及一些蛇類的族群。

3號天敵：猛禽

猛禽經常捕殺蛇類，如棕蛇鷹（*Circaetus cinereus*）、美洲的紅肩鵟（*Buteo lineatus*）以及非洲的祕書鳥（*Sagittarius serpentarius*）等。有人曾經觀察棕蛇鷹捕回巢內餵小鳥的44隻爬行動物中，有41隻是蛇類，且包括膨蝮、黑曼巴蛇和莫三鼻克眼鏡蛇（*Naja mossambica*）等毒蛇。祕書鳥則是相當有名的捕蛇猛禽，其種名即猛烈擊打蛇類的意思。祕書鳥的腳很長，極適合在草原上行走，發現蛇時，牠會用銳利的腳爪去攻擊蛇，有時也會用尖銳的喙啄蛇，並拋向空中，獵物多半很快就會重傷而死。台灣的大冠鷲，又名蛇鷹，也是捕蛇的能手，而鳳頭蒼鷹、松雀鷹也都有吃蛇的紀錄。還有一些鳥類也會捕食蛇類，比方美國西南部的大型杜鵑——走鵑（*Geococcyx californianus*），使用和祕書鳥類似的方式攻擊蛇類；而台灣的紫嘯鶇曾有吃蛇的紀錄。

4號天敵：同類

烏龜、蜥蜴和鱷魚也都會捕食蛇類，不過爬行動物中最常吃蛇的，還是蛇類自己！蛇類細長而無附肢的體型，特別容易吞食。吞食比自己體型小的蛇類較常見，但偶爾也有吞食體長相當或更長者的情況發生，這時遭吞食的蛇便會被彎繞的擠入吞食者的消化道內。

●王蛇雖因能捕食響尾蛇而得此封號，但遇到專門吃蛇類的珊瑚蛇也難逃一死。

有些蛇類偶爾捕食其他蛇類，但某些蛇類則專門以其他蛇類為食。眼鏡王蛇的屬名 "*Ophiophagus*"，原意便是吃蛇，牠們也的確是周遭其他蛇類的重要天敵。蝙蝠蛇科的

眼鏡蛇、雨傘節和珊瑚蛇（*Micrurus*）都是嗜蛇一族。筆者在新竹郊區夜間採集時，曾觀察一隻雨傘節花費很長的時間，將一條水蛇從洞內拖出，並在瞬間吞食入腹。很多無毒的黃頜蛇類亦經常以其他蛇類為食，甚至捕食劇毒蛇類，例如台灣的紅斑蛇曾有攝食赤尾青竹絲和龜殼花的紀錄。有些種類並已對毒液具有免疫能力，如王蛇（*Lampropeltis*）和偽蚺（*Clelia*），都具有對抗出血毒液的免疫能力，牠們也經常以響尾蛇亞科的蛇為食。

5號天敵：哺乳類

很多哺乳類偶爾會吃蛇，有些則經常以蛇為食。大型肉食動物，如獅子（*Panthera leo*）、花豹（*P. pardus*），有時會捕殺非洲岩蟒（*Python sebae*）。浣熊偶爾也會捕食蛇類，例如環尾浣熊（*Bassariscus astutus*）曾攝食響尾蛇亞科蛇類的幼蛇。和台灣的食蟹獴血緣相近的獴哥（*Herpestes auropunctatus*）則是捕蛇的高手，牠們被引入加勒比海的一些小島後，當地兩個特有種蛇類，島蚺（*Casarea dussumieri*）和雷蛇（*Bolyeria multocarinata*）的生存已受到威脅。台灣的食蟹獴、麝香貓、黃鼠狼和野豬等動物也偶爾會以蛇為食。

靈長類多半對蛇類敬而遠之，但中南美洲的白臉猴（*Cebus capucinus*）偶爾會捕食無毒的黃頜蛇類。非洲的巴塔猴（*Erythrocebus patas*）雖然幾乎都以植物為食，但也曾被觀察到攝食一條約1公尺長的西部綠曼巴蛇（*Dendroaspis viridis*）。而東南亞婆羅洲的眼鏡猴（*Tarsius bancanus*）也有捕食長腺蛇（*Maticora intestinalis*）的紀錄。

不過，在所有的天敵中，人類才是蛇類的頭號殺手。人類不只吃蛇肉、剝蛇皮、用蛇入藥，還大幅度改變生態環境，而棲地破壞與破碎正是導致現今許多蛇類瀕臨滅絕的主要原因。

●台灣的黃鼠狼偶爾會以蛇為食。

●過度開發導致現今許多蛇類瀕臨滅絕。圖為被車輛輾死的赤尾青竹絲。

藏或逃

敵人看招首部曲

蛇類為了躲避天敵，演化出許多不同的禦敵行為。不僅不同種類會善用不同的禦敵行為；相同的種類也可能因不同的族群，展現歧異的禦敵模式；即使是同一個體也會因應情況，表現出不一樣的行為反應。多數蛇類遇到天敵時，首先會隱藏自己避免被發現，如果被發現了就試圖逃離現場。逼不得已時，才可能以恐嚇、反咬、噴毒或裝死等手段，躲避天敵的捕殺。

●樹棲蛇類的背部顏色比腹部深，具有反陰影的效果。
（Gregory Sievert 攝）

隱身捉迷藏

　　蛇的體型細長，很容易鑽入地底、石縫、樹洞或其他掩體的下方，躲藏起來。即使不如此，蛇的體色、體型或行為也可能和棲息環境配合得天衣無縫。比方同是在地面活動的蛇，沙漠蛇類經常呈現一致的灰棕體色；而樹林下的蛇則多有斑駁的花紋，以配合枯枝落葉的環境。前者如沙蚺（*Eryx*），後者如百步蛇，兩者若靜靜的盤臥在沙地或闊葉林下，其實很難發現牠們的存在。樹棲蛇類的體色經常呈一致的綠色或棕色，以配合綠葉或枝幹的顏色，前者如赤尾青竹絲，後者如大頭蛇。而且一般背部的顏色明顯比腹部深，這種安排具有「反陰影」（countershade）的效果，可以降低被發現的機會，因為從上方來的光線較強，而下方的光線較弱，腹面顏色較淺有助於反射較多的光線，使背面和腹面的反射光量相近，以降低陰影。許多遠洋魚類的背部顏色深，腹部顏色淺也有相同的效果。

　　樹棲蛇類的體型經常特別細長，除了有助於降低單位長度的重量，有利於在樹枝間攀爬外，細長的身體也更像樹叢裡的細枝蔓藤。此外，許多樹蛇的行為表現也會模擬環境狀況，牠們平時經常靜止不動，等到風吹動枝葉時才藉機行動，有些種類，如東南亞的瘦蛇（*Ahaetulla*），甚至會隨風搖擺身軀，有如風中的蔓藤。

●樹棲蛇類的體色經常呈一致的綠色或棕色，以配合樹葉或枝幹的顏色。圖左為赤尾青竹絲，圖右為棕櫚樹蝮。

●百步蛇靜靜盤臥在闊葉林下的落葉堆，幾乎察覺不到牠的存在。

逃之夭夭

當隱藏失效時，多數蛇類會儘速逃離現場。此外，生活在開闊地的蛇較不易隱藏，所以快速爬行是牠們慣用的禦敵策略。牠們經常具有一致的體色或縱紋，縱向的條紋讓天敵不容易注意到蛇已開始爬行，逃脫敵害捕殺的機會也可能較高。一些在開闊地活動的鞭蛇（*Masticophis*），牠們尾部受傷的比例特別高，可能因為天敵多只來得及咬傷牠們的尾部。西北帶蛇（*Thamnophis ordinoides*）多具有縱向的斑紋，但少數具有斑駁的花紋。遇到危害時，同一窩幼蛇中，縱紋的個體傾向於表現出逃脫的行為，而斑紋的個體則多展現出靜止不動的行為。亦有實驗顯示，具有縱紋的極北蝮（*Vipera berus*）比全黑的極北蝮，更不易被天敵捕殺。但為何全黑的個體卻比縱紋的個體多呢？這是因為在寒冷的北方，黑色的個體較易吸收陽光的能量，而快速達到調節體溫的功能。

恐嚇

敵人看招二部曲

當天敵接近時，恐嚇行為有時亦可嚇跑天敵，讓自身毫髮未傷。蛇常用的恐嚇手法和其他動物類似，如誇大自己的體型、張大嘴巴威脅或是具有鮮豔的警戒色等。另外，聽力極差的蛇也懂得先「聲」奪人，因為牠的天敵大多具有良好的聽覺，因此發聲警告亦有禦敵之效。

誇大體型壯聲勢

讓自己看起來比實際的體型還大，是動物慣用的恐嚇技倆，許多蛇類也善於運用此行為嚇退天敵。例如非洲的膨蝮屬（*Bitis*）蛇類在遇到天敵時，不但會發出嘶嘶的聲音，身體也會充氣變大，尤其是膨蝮（*Bitis arietans*）更善於此道，所以牠的英文俗名便是 "Puff adder"。

此外，頸部或前面的身軀變扁，也能產生嚇阻的功能，台灣的南蛇和樹棲性的蛇類，例如中南美洲的食鳥蛇（*Pseustes*）及非洲的非洲藤蛇（*Thelotornis*）可能較

●膨蝮善於將身體膨大嚇退敵人，而得其名。
（Peter Mirtschin 攝）

●澳洲的虎蛇（左，Peter Mirtschin 攝）和美洲的豬鼻蛇（右）會將脖子變成上下扁平以威嚇天敵。

●南蛇恐嚇時，脖子呈左右側扁。
（Ashok Captain / Indian Herp. Soc. 攝）

常面對側面來的天敵，恐嚇時脖子呈左右側扁；而天敵多從前上方來的陸棲蛇類，例如台灣赤煉蛇、擬龜殼花、斜鱗蛇、美洲的豬鼻蛇（Heterdon）、澳洲的虎蛇（Notechis），以及最為人熟知的眼鏡蛇（Naja），脖子則呈上下扁平。眼鏡蛇還會高舉前半身，並發出嘶嘶的聲音。東南亞的管蛇（Cylindrophis）似乎會模仿眼鏡蛇，只不過牠們是高舉背腹扁平的尾部，而將脆弱的頭部藏起來。

●遇到天敵時，眼鏡蛇會高舉前身，並發出嘶嘶聲。

●棉花嘴經常會張開雪白的大嘴威嚇敵害。

張大嘴巴不好惹

張開嘴巴自然也是有效的恐嚇手段，這類行為在黃頜蛇和蝮蛇兩科的蛇類較常見，例如東南亞的瘦蛇（Ahaetulla）、中南美洲的大眼蛇（Leptophis）和北美洲的食魚蝮（Agkistrodon piscivorus）。尤其是食魚蝮，經常會張開雪白的大嘴威嚇敵害，牠的白色口腔被黑褐色的身體襯托得更明顯，所以其英文俗名為「棉花嘴」（Cotton mouth）。而台灣的錦蛇則在持續被威脅時，才會張嘴以對。

先聲示警請退讓

蛇雖然聽力差，但牠們的天敵多有良好的聽覺，因比發出警告聲仍有禦敵的效果，除了一些原始的種類，多數蛇類都具備此禦敵行為。從氣管吐氣發出嘶嘶的聲音是牠們最常見的警告聲，其

●響尾蛇藉由顫動
尾部發出聲響，警
告敵人退讓。
（Carol Foster 攝）

間並常伴隨誇大的身體動作。

　　另一類警告聲是藉由顫動尾部而發出聲響，最為人熟知
的便是響尾蛇（Rattlesnake）。只有響尾蛇（*Crotalus*）和
侏儒響尾蛇（*Sistrurus*）兩個屬的蛇，尾部具有特化的角
質環節。受到威脅時，牠們會顫動尾部，角質環節因互相
碰撞而發出聲響。這個聲音可以警告大型動物，如牛、
馬，免得牠們踩到蛇身而兩敗俱傷。響尾蛇在發出聲音
時，身體多半已準備好攻擊姿勢，並面向威脅來源，蓄勢
待發的行為加上響亮的聲音，足以嚇退多數的掠食者。只
有面對人類時，響尾聲反而變得不利，在被人類大量捕捉
的地區，研究人員已發現不少沒有角質環節的突變個體，
牠們顫動尾部時，不會發出聲音反而較易存活。

　　非洲和中東地區的角蝮（*Cerastes*）及鋸鱗蝮（*Echis
carinatus*）生活在乾燥的環境，若像一般蛇類由呼吸道發
出嘶嘶聲響，會損失太多的水分，所以牠們是藉著摩擦鱗
片製造聲音。為了能製造夠大的音量，鋸鱗蝮的鱗片稜脊

●鋸鱗蝮藉著摩擦
鱗片製造聲音。

●珊瑚蛇是警戒色的典型代表，且具有強烈的毒液。（Gregory Sievert 攝）

●有些黃頷蛇科的蛇體色和珊瑚蛇類似，亦可降低天敵的攻擊。

特化成鋸齒狀，且體側鱗片的稜脊走向是斜的，不像背部的稜脊或一般蛇類的鱗片稜脊，和身體的前後軸向是一致的。因為體側的鱗片較容易相互摩擦，這樣的安排有利於鋸鱗蝮在盤繞移動身體時，體側的鱗片稜脊可以有較大的摩擦面。

還有少數蛇類，會在遭受威脅時抬起尾部並放屁，這種聲音雖談不上巨大，但人在一公尺外仍可以聽到。例如美洲的亞利桑那珊瑚蛇（*Micruroides euryxanthus*）雖具有強烈的毒液，但遇到危害時不會立即做反咬的動作。牠們會先將脆弱的頭部藏起來，搖動高舉的尾部吸引天敵的注意，再放出一連串的屁，泄殖腔內的排泄物隨之噴出，只是此行為到底有多大的效果還不清楚。

高度警戒鮮豔色

當動物具有鮮豔的顏色或鮮明的對比色時，通常代表牠們可不好惹！這些動物不是具螫刺，就是有劇毒，再不然

通常很難吃。動物可能從後天的學習或先天的遺傳，知道避開顏色鮮豔的個體，因此具有警戒色的動物通常能有效的嚇阻掠食者的攻擊。

珊瑚蛇（Coral snake）是警戒色的典型代表，生活在美洲大陸，共約60種，牠們都是蝙蝠蛇科，且幾乎都歸在珊瑚蛇屬（*Micrurus*），極少數為擬珊瑚蛇屬（*Micruroides*）。牠們多具有黑、黃（或白）和紅三色醒目的環紋，也有強烈的毒液。即使只是塗上相似顏色的假蛇，也足以讓郊狼、野豬或鳥類退避三舍。

其他地區也有不少蛇類，像珊瑚蛇一樣具有鮮明的對比花紋，有些種類的地方俗名也叫「珊瑚蛇」，例如澳洲的珊瑚蛇（*Simoselaps australis*）、亞洲的長腺蛇（*Maticora*）和麗紋蛇（*Calliophis*）。而西南非珊瑚蛇正式的名字則是盾鼻眼鏡蛇（*Aspidelaps lubricus*）。

美洲有些黃頜蛇科的蛇，也有類似珊瑚蛇的花紋，牠們有的具有輕微的毒性，有的則完全無毒。雖然這是否屬於擬態或模仿，尚無定論，但這樣的體色確實可降低天敵的攻擊。此外，台灣的環紋赤蛇、帶紋赤蛇、雨傘節、白梅花以及許多海蛇也都具備醒目的體色。

不會響尾的響尾蛇

在自然界，卡塔利那響尾蛇（*Crotalus catalinensis*）是唯一角質環節因天擇壓力，而全部退化的響尾蛇。牠們生活在加勒比海的卡塔利那島上，是什麼環境因素導致牠們的尾環退化？

在美洲大陸上，響尾蛇可能因需警告身邊的大型有蹄類動物，及採取靜候獵物上門的坐等型攝食策略，才演化出尾環；而在卡塔利那島上沒有大型的有蹄類動物，已不需要響尾，而且棲息於此的響尾蛇，其食物已轉變成蜥蜴和停在灌木叢上的燕子。因此牠們得利用夜間，爬上灌木叢找尋睡覺中的燕子，如果拖著一串尾環爬行，不但容易被卡住，也容易驚醒獵物。學者推測可能因為這些天擇壓力，才讓牠們的尾環走向退化之路。為了適應遊獵型的攝食方式和樹叢上的食物，卡塔利那響尾蛇不只尾環退化，體型也變得較細長，不像一般響尾蛇那麼粗胖，牙齒也較長，以便咬穿燕子的羽毛深入肌肉。此外，卡塔利那響尾蛇會咬住獵物不放，不像一般響尾蛇會先釋放獵物，再循著味道找回毒發死亡的獵物，因為在三度空間的環境，要找回獵物顯然較為困難。

●卡塔利那響尾蛇是唯一因天擇壓力，角質環節退化的響尾蛇。（Mark O'Shea 攝）

反擊

敵人看招三部曲

蛇和人一樣，有些性情溫馴，有些則較兇猛，後者與天敵近身接觸時，經常會採取主動反擊的策略。除了較為人熟知的反咬動作之外，蛇也經常會分泌一些臭味，讓天敵胃口盡失。有些種類甚至會噴出血液或毒液，促使敵人打消捕食的念頭。

利牙咬一口

訴諸尖牙利爪是許多動物最直接有利的禦敵策略，但蛇類無利爪，只好靠尖牙了。有的蛇類性情較兇猛，比方台灣的南蛇、臭青公、眼鏡蛇和龜殼花，容易表現攻擊反咬的行為。有些海蛇的攻擊性也相當強，例如棘鱗海蛇（*Astrotia stokesii*）、平頦海蛇（*Lapemis hardwickii*）和黑背海蛇的脾氣也不好，牠們一受夾擊便會立刻反擊。

蛇的攻擊性因種類、年齡、經驗、性別或季節，而有顯著的差異。譬如紅尾蚺小時候脾氣算溫馴，長大後不少個體變得易怒且隨時準備反擊；而黑唇牛蛇（*Pituophis*

● 有些錦蛇個體的性情較兇猛，易被激怒而反擊。

melanoleucus）剛好相反，小蛇比成蛇更容易發出嘶嘶聲、顫動尾巴和做出反咬的動作。許多蛇類經歷人的飼養及經常性的觸摸後，攻擊性也會明顯降低。北美洲有三種水蛇（*Nerodia*）可能受到雄性賀爾蒙的影響，雄蛇的攻擊性都明顯大於雌蛇。類似的情況，在生殖季節雄性的黑曼巴蛇（*Dendroaspis polylepis*）和黑遊蛇（*Coluber c. constrictor*）都變得較容易反擊。劍尾海蛇（*Aipysurus laevis*）在求偶期間，甚至會主動攻擊靠近的人類，是極少數未受敵害碰觸威脅，就主動攻擊的例子。

●臭青公的性情較為兇猛，易攻擊反咬，且能分泌強烈的臭味。

臭味薰敵

大多數蛇類的尾巴基部都具有臭腺，其主要的功能在於分泌氣味做種間的溝通，但許多蛇亦可藉由這個腺體分泌大量的乳白色物質，發出強烈的臭味，讓攻擊牠的天敵倒盡胃口。台灣的臭青公和北美洲的

●菱斑水蛇不但兇猛，而且噴灑在身上的臭味總要清洗好幾天才能去除。

狐鼠蛇（*Elaphe vulpina*）都是因分泌強烈的臭味而得名，其他許多蛇的名字雖無臭字，被捕捉時分泌的臭味也毫不遜色。筆者在捕捉美洲的菱斑水蛇（*Nerodia rhombifera*）進行論文研究時，除了偶爾被咬外，最惱人的還是牠們噴灑在身上的臭味，總要洗上好幾天才能去除。有一次筆者捉到另一種紅腹水蛇（*N. erythrogaster*），臭味像極了臭鼬的味道，令人毫不懷疑牠們的味道確可抵禦敵害。

血濺敵人

少數的蛇類在遭受威脅時，會從身體的不同部位噴出血液，這樣的機制可能和角蜥蜴（*Phrynosoma*）類似。角

●紅腹水蛇分泌的臭味像極了臭鼬的味道。
（Gregory Sievert 攝）

蜥蜴在受到威脅時血壓會上升，眼睛的血管壁較薄，血液便從眼睛噴向掠食者，因血液具有特殊的臭味，所以具有嚇退天敵的功用。

然而，蛇類的噴血能否有效的禦敵還不是很清楚。棲息於西印度群島和南美洲的林蚺（*Tropidophis*），在遇到危害時會先纏成一團，接著從眼睛口腔流出可觀的血液；北美洲的長鼻蛇（*Rhinochelius lecontei*）、東方豬鼻蛇（*Heterodon platyrhinos*）和紅腹水蛇，則只是偶爾且多是在被用力甩扯之後，才會從其他部位出血。其中長鼻蛇多從泄殖腔出血，有時則從鼻孔；東方豬鼻蛇有從泄殖腔出血的紀錄；紅腹水蛇則從牙齦出血。

噴射毒液

●莫三鼻克眼鏡蛇可將毒液噴達三公尺遠。
（Peter Mirtschin 攝）

許多種的眼鏡蛇都能對著天敵噴出毒液，例如莫三鼻克眼鏡蛇（*Naja mossambica*）可以將毒液噴達三公尺遠，牠們通常對準發亮的地方，也就是動物的眼睛噴毒。多數種類的毒液只會造成眼睛的疼痛或眼瞼腫脹，但嚴重的如非洲的黑頸眼鏡蛇（*Naja nigricollis*），則可能造成眼睛失明，這種眼鏡蛇能在 20 分鐘內噴毒達 57 次。台灣的眼鏡蛇較少有噴毒的情形，但有些個體在盛怒的情況下，也會噴散毒液，只是不像其他眼鏡蛇能將毒液噴得又準又遠。

不會噴毒的眼鏡蛇，牠們毒牙上的毒腺管開口在毒牙的末端，且開口呈長橢圓形；而會噴毒的眼鏡蛇，毒腺管的開口在毒牙的前中段，且開口較圓而小，這樣有利於毒液在管內運送，最後從圓形的小開口噴出。然而，有些眼鏡蛇雖有噴毒的毒牙構造，卻沒有噴毒的行為，

例如孟加拉眼鏡蛇（*Naja naja kaouthia*）；菲律賓眼鏡蛇（*Naja naja philippinensis*）的雄蛇具有噴毒的毒牙構造，而雌蛇沒有，但兩性都未曾有噴毒的行為。

海蛇反咬實驗

　　許多海蛇含有劇毒，因此一般人在海裡遇到海蛇時，總是驚恐萬分，深怕遭受咬噬而命喪黃泉，其實筆者曾進行海蛇的行為反應和反咬研究，結果發現在蘭嶼海域常見的四種海蛇都相當溫馴，且多數在輕握時，並不會反咬。

　　在前述的一項研究中，共記錄48隻闊帶青斑海蛇對潛水人員的行為反應，其中73%的個體並不理會人類的存在，牠們遇到人時，既不逃離也不會游靠近。只有12隻（25%）會主動游向人，其中4隻在筆者前方2～3公尺左右便停下來，吐吐信、探探頭後不久便離開了；另外8隻則接觸筆者的身體，牠們好像對蛙鞋特別感興趣，經常最先碰觸蛙鞋，我如果不反應，牠們總是在吐信探索我的身體後不久便離開，我如果動作大一點，牠們便會受到驚嚇，而快速收回頭部，我如果打一下牠們的頭或身體，則快速逃離是必然的結果，從沒有一隻蛇有主動攻擊的行為。曾經有一隻個體在和筆者初遭遇便轉頭快速逃離，我好奇得跟上去，牠愈是拚命的往前游，並因為運動太激烈而不斷的游出水面換氣。

　　經過將近一年的觀察，筆者進一步測試闊帶青斑海蛇的反咬行為。一開始筆者先輕輕握住牠們的身體約1分鐘，然後再用力擠壓另1分鐘，結果多數的海蛇（74%）在輕握時，只會試圖游開，牠們經常用力擺動身體或纏繞筆者的手，但並不反咬，一直到我用力擠壓時，才有較多數的海蛇會採取反咬的行為，但牠們的反咬動作很慢，不像陸地的蛇類那麼快速，常常在經過一番掙扎無效後，才慢慢的將頭移到我的手指，連張開嘴巴也像在放慢動作，有些個體在還沒慢慢咬下去之前，我便將牠們的頭甩開，於是牠們又激烈的扭動起來，似乎忘了牠們尚未完成反擊的動作，少數的個體（11%）甚至被用力擠壓，也一直沒有表現反咬的行為。

●研究人員正在進行海蛇的反咬實驗。
（蘇焉 攝）

降低傷害或假死

敵人看招四部曲

　　當隱身、逃離、威嚇或反擊都無效時，蛇只好試圖降低身體被傷害的程度。降低傷害的行為有時和恐嚇很容易區別，有時卻不盡然。同樣的行為，如露出鮮豔的尾巴，對有些天敵已達到成功恐嚇的地步，但對另一些天敵卻不見得有用。如果天敵因此而攻擊尾巴，至少所受到的傷害較小。最後，如果降低傷害也失效，蛇只好使出撒手鐧——死給你看！

降低傷害保性命

　　蛇類的頭部最重要，而且相當脆弱，因此許多蛇在遇到危害時，會捲成一團球狀，將脆弱的頭部埋在裡面，球蟒和卡拉巴球蟒（*Calabaria reinhardtii*）都是因此種行

●球蟒遇到危害時會捲成一團球狀，而且將脆弱的頭部埋在裡面。

●赤腹松柏根遭受
威脅時，尾巴會纏
成螺旋狀，並露出
顏色鮮明的腹面。

降低傷害或假死

145

生態大驚奇

為而得名，其他一些黃頜蛇科的蛇和中美蚺（*Ungaliophis continentalis*）也都有類似的行為。

尾巴則是蛇類最經得起傷害的部位，因此尾巴成為許多蛇類的禦敵武器。小頭蛇屬（*Oligodon*）的蛇類，如台灣的赤背松柏根和赤腹松柏根，在遭受威脅時，尾巴會捲成螺旋狀，露出腹面鮮明的顏色。美洲西岸和佛羅里達的環頸蛇（*Diadophis punctatus*）也有類似的行為，但同種類東岸的族群，則很少表現這種行為。有趣的是，表現捲尾行為的族群，尾部腹面呈鮮紅色；而不表現的族群，尾部腹面呈淡黃色。有些種類的尾部更進一步特化成近似頭部，例如中國大陸的鈍尾鐵線蛇又叫鈍尾兩頭蛇（*Calamaria septentrionalis*），以及中東的塔塔沙蟒（*Eryx tataricus*）。牠們的尾巴都鈍鈍的，且在相對的位置有像嘴的黑橫線和像眼睛的深圓斑。卡拉巴球蟒甚至在尾端的兩側，有內凹的橫溝，更像嘴的樣子。這些蛇的尾巴不但模樣維妙維肖，遇到危險時也會先舉起來，有如昂起的頭，甚至做出攻擊的行為。

●正在偽裝假死的
東方豬鼻蛇。
（Gregory Sievert 攝）

假死欺敵現生機

　　有些蛇類在無計可施的狀況下，只好使出「死給你看」的技倆以求保命。因為有些掠食者會因獵物的反抗行為，而引發後續的攻擊行為；如果獵物不動了，牠們就喪失攻擊的念頭，甚至失去攝食的慾望。另外，如果掠食者是正在育幼中的鳥類或哺乳類，忙碌的雙親可能將食物帶回巢穴後，就忙著再出去尋找其他的食物，此時假死的獵物便有脫身保命的機會。

　　台灣的草花蛇、歐洲的游蛇（*Natrix natrix*）、非洲的噴毒眼鏡蛇（*Hemachatus haemachatus*）、埃及眼鏡蛇（*Naja haje*），以及美洲的豬鼻蛇（*Heterodon*）都有假死的行為。其中歐洲的游蛇和美洲的豬鼻蛇尤其擅長假死，牠們不只是不動而已，還會讓腹面朝上、嘴巴張開，甚至舌頭也露了出來，一幅「我真的死了」的樣子，以說服掠食者不再攻擊牠。

　　有人曾觀察到豬鼻蛇和獴相遇時，豬鼻蛇會先讓身體變扁，並將前身彎曲成 S 形準備攻擊。當獴更靠近時，豬鼻蛇就做出攻擊的行為，獴則以前掌回擊，豬鼻蛇便再做數

●沙蚺尾部的花紋
與鈍鈍的外形易被
錯認為頭部。

次攻擊，結果都只得到獾的前掌回敬。最後，豬鼻蛇只好
翻身張口「死去」，獾向前聞了幾下，再用前腳撥一撥，
豬鼻蛇依然軟趴趴的不動，獾竟然就棄蛇而去，一小段時
間後，豬鼻蛇才慢慢醒來，並緩緩爬走。

蛇會斷尾嗎？

　　許多蜥蜴會用尾巴自割的方式逃脫天
敵的捕殺，蛇類雖尚未發現和蜥蜴一樣
的自割模式，但有些蛇類的斷尾比例特
別高，例如中南美洲的斷尾泛美蛇
（*Coniophanes fissidens*），有些地區的族
群竟高達一半以上的比例是斷尾的，顯
示牠們的尾巴比其他的蛇更容易斷掉。
此外，非洲游蛇（*Natriciteres*）和棲息於
非洲至中亞地區的花條蛇（*Psammophis*）
被天敵抓住尾巴時，會快速旋轉身體，
造成尾巴斷裂，並藉機逃走。不過，這

●花條蛇被天敵抓住尾巴時，會扭斷尾巴藉機
脫逃。（A. Captain/V. Giri/S. Kehimkar/K. Bhide 攝）

些蛇類斷尾後不像蜥蜴會再生，斷尾的方式也和蜥蜴不同。會自割尾巴的蜥蜴，尾部
脊椎骨的中央有斷痕，尾巴是從某個完整的脊椎骨斷成兩半而分離，蛇類則多是從兩
個相連的脊椎骨處斷裂。目前只發現南美黃頷蛇科的兩種蛇（*Pliocercus elapoides* 和
Scaphiodontophis venustissimus），尾部後段脊椎骨的中間部位有小凹痕，類似蜥蜴的斷
痕，但這兩種蛇斷尾時，是否真的從脊椎骨的中央斷裂尚未確定。

挑戰海洋

蛇的適應本事 1

除了魚類以外，對多數脊椎動物而言，尤其是四腳類（兩生、爬行、鳥類和哺乳類），海洋已經不再是熟悉且容易生活的地方。全世界 7000 多種爬行動物中，只有約 70 種能生活在海洋或河海口交界處的鹹水環境，其中 60 種是蛇類，所以蛇可說是最成功適應鹹水生活的爬行動物！許多海蛇終其一生都生活在海裡，不曾上岸，不像其他在鹹水生活的爬行動物，還得回到陸上產卵。

排鹽有一套

適應海洋生活需克服許多挑戰，最明顯的問題就是體液滲透壓或體液濃度的調整。多數脊椎動物的體液滲透壓只有海水的 1/3，也就是說海水含有較多的鹽類。海蛇的體液滲透壓和多數脊椎動物的類似，如果不能有效的維持恆定，那麼海蛇就會像醃鹹魚一般，體內的水分不斷滲出，並且脫水皺縮而死亡。幸好海蛇的表皮對水分的通透性很差，是一般淡水蛇類的一半以下，有些甚至

●海蛇的身體略成左右側扁，圖右方為尾部。（蘇焉 攝）

只有淡水蛇類的 3%，所以海蛇體內的水分並不容易經由體表，滲透到鹽分濃度較高的海水中。

在海洋生活等於沒有淡水的補充，海蛇如何解渴呢？還好海蛇是爬行動物，牠們的代謝廢物是以尿酸的形式排除，平時所需的水分不多，從食物中便可獲取足夠的水分。至於隨著食物進入體內的海水或累積過多的鹽類，則可藉由特化的排鹽構造排出體外。海蛇的舌鞘下方具有排鹽的腺體，稱為「舌下腺」。當海蛇吐信時，便順便將高濃度的鹽類排出體外，以維持體液滲透壓的恆定。其他適應海洋生活的爬行動物，如海龜、海鬣蜥和有些鱷魚，也具有類似的排鹽構造，只是各在不同的部位。海龜在眼睛後方，稱為「淚腺」；海鬣蜥在鼻腔，叫做「鼻腺」；而鱷魚在舌頭上，稱為「舌上腺」。

●海蛇游近水面時，從鼻孔吐出氣泡。

●海蛇之中只有瘰鱗蛇使用增加血液量的方式，來延長潛水時間。

氧氣多更多

延長潛水時間也有利於海蛇在海中生活。閉氣時間直接受到耗氧量的影響，而耗氧量和新陳代謝率息息相關。外

●側扁的尾巴是海蛇的重要特徵，有利於產生較大的推進力。

●闊尾海蛇屬的海蛇（左），其鼻孔上移的程度不如海蛇屬明顯（右）。

溫動物的新陳代謝率一般只有內溫動物的 1/6～1/7 左右，所以在沒有特殊適應的情況下，牠們能閉氣的時間大約是內溫動物的 6～7 倍，如果以人類能閉氣的時間是 2 分鐘來估算，則只要是外溫動物便可閉氣 10～15 分鐘。不過，海蛇的閉氣時間經常比這個估算值長，牠們主動潛水閉氣的時間多半在 30～60 分鐘之間，最長則在 5 小時以內。在強迫潛水的試驗中，當水溫只有 13℃時，黑背海蛇可閉氣長達 24 小時。

由此可知，海蛇顯然具有其他的適應機制，延長閉氣的時間。最直接的方法是增加氧氣的儲藏量！但海蛇並不是用增大肺的方式延長潛水的時間，因為肺內的空氣太多時，會導致浮力太大而難以下潛。雖然多數蛇類的肺只延伸到吻肛長的 2/3 附近，而海蛇的肺一直延伸到接近泄殖腔的開口，不過，海蛇後段的肺變得極細長，所以肺容積並沒有明顯較大，肺內的氧氣儲藏量也沒有比較多。另一個潛水動物常用來增加氧氣儲藏量的方式，是增加血液量或提高血紅素和紅血球的含量，以增加血液攜帶氧氣的能力。但不知何因，海蛇之中只有瘰鱗蛇（Acrochrodus）使用這樣的方式延長潛水時間，牠的確擁有較高的血液量，而且血液攜帶氧氣的能力也較高。

那麼，海蛇究竟使用何種妙方，獲取更多的氧氣呢？答案在海蛇後段的肺上面富含肌肉，其他蛇類後段的肺並無肌肉，只有薄薄一的層膜稱為「氣囊」。當後段肺的肌肉收縮時，可以攪動肺內的空氣，更充分的吸收氧氣，而達到延長憋氣時間的目的。

此外，海蛇還使用了一個潛水哺乳類不曾使用的方式來延長潛水的時間，那就是利用表皮參與呼吸作用。海蛇可從皮膚獲取 5% 以上的氧氣量，最高的種類是黑背海

蛇，高達 22％的氧氣由皮膚獲得。但這並非海蛇特有的專利，有些淡水烏龜也能進行皮膚呼吸，少數種類從皮膚獲得的氧氣量甚至佔全部獲氧量的 70％。另有些陸棲蛇類，如紅尾蚺也能進行皮膚呼吸，但獲氧量所佔的比例只有 3％而已。

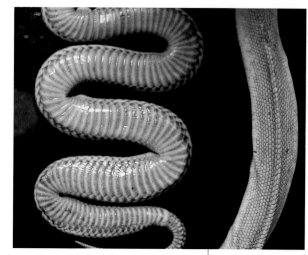

形態調適有祕方

在形態上，海蛇也有許多調適以利生存。例如側扁的尾巴使海蛇左右擺動身軀時，能產生較大的推進力，而這個特徵也幾乎是海蛇的註冊商標。淡水蛇類則多數未演化出這樣的尾巴，只有極少數的種類，例如東南亞的稜腹蛇（Bitia hydroides），牠的尾巴也是側扁的。此外，海蛇的身體也略成左右側扁，多少可以增加前進的推力。有些海蛇的鼻孔具有瓣膜，可以適時關閉，避免海水進入。當瓣膜下的海綿組織充血時，會將瓣膜上推而關閉鼻孔，反之則打開鼻孔。也有鼻孔的位置上移至吻部上方，以利換氣的情況。不過闊尾海蛇屬（Laticauda）一類的海蛇，適應海洋的程度較不徹底。牠們鼻孔上移的程度較不明顯，鼻孔也無實際的瓣膜，只靠鼻孔周圍的組織充血或失血的方式，讓鼻孔關閉或打開。

另外，不像其他海蛇已演化出胎生，闊尾海蛇屬仍維持較原始的卵生方式。所以牠們需上岸至礁石縫內產卵，也因此牠們腹鱗退化的程度較不明顯。許多海蛇的腹鱗常完全退化到只剩一小片，難以和其他的體鱗區隔，再加上明顯側扁的身體，使這些海蛇完全喪失在陸上爬行的能力。

●海蛇腹面中央的一列腹鱗退化到只剩一小片，難以和兩旁的體鱗區隔（右）。圖左為一般蛇類的腹面，腹鱗大片明顯。

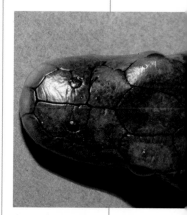

●海蛇鼻孔有瓣膜。

克服沙漠

沙漠乾旱少水、日夜溫差大、食物密度低且數量變化明顯，多數生物難以生存，然而在此環境中，蛇類的種類和數量卻比鳥類或哺乳類豐富，而且有些蛇類甚至可在沙丘下潛游！顯然，牠們自有一套適應沙漠生活的祕訣良方！

生活在沙漠

生活在沙漠的動物和棲息於海洋的一樣，首先面臨的挑戰是淡水補充不足的問題。所幸爬行動物以尿酸的形式代謝廢物，只需要少量的水分就可以排出體外。牠們的表皮也可以有效的防止水分散失，但為了進一步節約水分的損失，一些沙漠蛇類會分泌油脂，並塗抹在表皮上。另外，呼吸道也是水分散失的重要管道，因此有些沙漠蛇類的呼吸頻率會明顯減少許多。

其次，沙漠的日夜溫差極大，蛇類又是外溫動物，深受外在環境溫度影響，因此長期下來，牠們已演化出應付的策略。比方細長的外形有利於蛇類躲入細小的縫隙，得以避開可能致命的溫度；細長的外形也有利於體溫調節，藉由盤繞成一團或放鬆開來，蛇類可以顯著的降低或增加表面積，以利於調節體溫。

再者，沙漠的食物密度較低，四處覓食的捕食方式容易得不償失，守株待兔較為有利，所以潛伏在沙地內，等待獵物靠近再襲擊，是這些蛇類常運用的捕食方式。為了偵察獵物的動靜，牠們的眼睛多會上移至頭頂或往上突起，並產生突出的鱗片加以保護，看起來就像頭上長了兩個角。沙

● 角蝮的眼睛上移，並產生突起的鱗片加以保護，看起來就像頭上長了兩個角。
（Mark O'Shea 攝）

漠的食物量起伏大，還好蛇的新陳代謝率低，食物量需求
亦低，不像鳥類和哺乳類浪費很多能量在維持高的體溫。
蛇經常一頓可以吃很多，間隔很久才需再吃一次的特性，
很適合生存於此，因此沙漠中，蛇類的種類和數量皆明顯
比鳥類或哺乳類豐富。

　　此外，沙漠的沙地鬆散，使用蜿蜒爬行的方式，前進效
果非但不好，身體和熱沙接觸的面積也較大，所以許多在
沙地上活動的蛇類，各自演化出類似的構造和行為。這些
親緣關係不同的蛇類，運用
「側彎躍行」的方式在沙地上
活動，也就是全身只有兩個點
和沙地接觸，並快速的側身躍
進。為了和鬆散的沙子之間有
較佳的摩擦力，牠們的鱗片多
半具有明顯的稜脊。

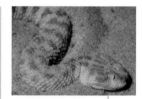
●許多在沙地上活
動的蛇類，鱗片具
有明顯的稜脊。
（Mark O'Shea 攝）

潛行沙丘下

　　有一些蛇類則乾脆在沙丘下潛行！例如美洲沙蛇
（*Chilomeniscus*）、澳洲沙蛇（*Simoselaps*）、非洲楔吻蛇
（*Prosymna*）和中亞地區的沙蛇（*Lytorhynchus*）。牠們以
類似游泳的方式在沙子底下活動，因此鱗片都很光滑，以
減少鑽行時的摩擦力。牠們的吻端也變得較尖細，有利於
在沙中鑽行。鼻孔上的瓣膜和腹位的嘴巴（即嘴巴的開口
在腹面，不像一般在正前端），則可避免在鑽行時沙粒進
入鼻腔和口腔。還有，牠們的呼吸方式也和一般蛇類不
同。一般蛇類主要靠身體兩側的內縮或外推，進行呼吸運
動；但是在沙子底下，身體一旦內縮，兩側的沙子很容易
即刻填滿新產生的空隙，使外推的動作變得吃力，因此在
沙中潛行的蛇類改為透過腹鱗的上下運動，進行呼吸作
用。腹鱗上提後，內凹的腹面和沙子之間產生空隙，但下
方的沙子不會填上來，呼吸亦較為省力。

●棲息於沙漠的沙
蚺，平常潛伏在沙
子裡避免高溫。

●沙蚺的眼睛上移
以便偵察獵物的動
靜。

●沙蚺吻端變尖
細，鼻孔很小。

蛇 的 適 應 本 事 ③

在泥土底下和沙丘裡面鑽行的蛇類，雖面臨相似的環境壓力，但也有不同之處。最大的差異在於，泥土洞穴不像沙地會即刻崩塌，而且沙地裡多半沒有食物，所以鑽行其間多是為了躲避敵害或環境的極端溫度，在溫度適當的晨昏時段，這些蛇類自然會鑽出沙丘覓食。然而，在泥土底下卻有許多食物，盲蛇次亞目的蛇和另一些蛇類，如閃鱗蛇，幾乎終身都潛藏在泥土底下，難得「出土」現身呢！

小個頭好鑽行

為了適應地下的生活，穴居蛇類已逐漸演化出特殊的構造和行為。首先，地底生活不須良好的視力，因此牠們的眼睛皆變小或退化到幾乎看不見。再者，為了減少摩擦力，有利於鑽行，牠們的身軀呈圓形，鱗片光滑平順不具稜脊。牠們的體型亦有小型化的趨勢，因為細小的身軀有利於穿過現成的泥土孔隙。在沒有現成的孔隙可用時，牠們需靠自己向前鑽行，所以頭骨多半變得堅硬而緻密，吞食的能力也就較小。有些穴居蛇類甚至寰椎和頭骨已結合在一起，吻部前端的鱗片則特化，以便

●正在鑽入地下的鐵線蛇。

●在地底下生活的筒蛇，眼睛退化到只剩一個小黑點。

●盲蛇的嘴巴位於腹面，可以避免鑽行時，泥土進入口中。

於挖掘，如圓尾蛇科。此外，穴居蛇類的嘴巴經常位於吻端下方，而不在前端，這樣可以避免鑽行時，泥土進入口中，並有利於頭前端演化成較尖的形狀。

另有不少蛇類雖也傾向於穴居，但還不到幾乎不出地面的地步，如台灣的環紋赤蛇、美洲的珊瑚蛇（*Micrurus*）和非洲至中亞的穴蝰科。牠們可能常在淺層的落葉堆下鑽行，或利用現成的穴道追尋獵物，而不是自己挖掘通道。這些蛇類在形態上也常有適應穴居的現象，如眼睛變小、脖子不明顯、鱗片光滑、尾巴變短、身體變小且呈圓筒形等。

穴居蛇＝兩頭蛇？

自古以來即有許多兩頭蛇的傳說，「孫叔敖埋兩頭蛇」是最為人熟知的一則，《本草綱目》中記載：「兩頭蛇大如指，一頭無口目，兩頭俱能行，云見之不吉，故孫叔敖埋之。」劉恂的《嶺表錄》則描述：「兩頭蛇嶺外極多，長尺餘，大如小指，背有錦文，腹下鮮紅，人視為常，不以為異。」羅願的《爾雅翼》記載：「甯國甚多，數十同穴，黑鱗白章，又一種夏月雨後出，如蚯蚓大，有鱗，其尾如首，亦名兩頭蛇。」

其實，這些都是穴居蛇類頭尾難分所衍生的誤解，因為

●穴居蛇類身軀呈圓形，鱗片光滑，體型亦小。圖為盲蛇，最大體長僅20公分。

●圓尾蛇的頭部扁尖，且吻部前端的鱗片特化，以利於鑽行。
（A. Captain/A. Gama 攝）

●圓尾蛇的尾巴像被斜切一樣，呈橢圓形，上面還有特化的鱗片，看起來像頭部，尖形的頭反而易被誤認為尾部。
（A. Captain/R. Kulkarni 攝）

●穴蝰常在落葉堆下或現成的穴道鑽行，追尋獵物。
（Mark O'Shea 攝）

細長的尾巴顯然不利於協助向前推進，所以在地底下活動的蛇類，尾巴都縮短變鈍，有些尾部的脊椎骨更已癒合成一塊骨頭，例如美洲的橡膠蚺（*Charina bottae*）。現在已知古文中提及的兩頭蛇就是鈍尾兩頭蛇（*Calamaria septentrionalis*），牠的尾部不但鈍圓，而且和頭部的花紋類似，尾部也常做出攻擊的行為，像極了前後各有一個頭。但鈍尾兩頭蛇並非兩頭蛇的唯一案例，世界上其他地區也有這種前後都像頭的蛇，例如南非的格瑞笛穴蛇（*Chilorhinophis gerardi*），其俗名就是剛果兩頭蛇，其他一些善於利用尾部欺騙天敵的蛇類，也常演化出類似的形態。

爬上樹梢

雖然許多蛇類都能緣木而上，但只有樹棲蛇類會居高不下，牠們大部分的時間都逗留在樹上，經常面臨底質不連續，和愈往上爬樹枝的支撐力愈小的挑戰，結果拉長身軀或減輕重量，便成為樹棲蛇類共有的特徵。此外，在樹上捕獵的困難度高，如果沒咬好獵物，便不易再尋獲，必須百發百中才不會徒勞無功。為了達到如此高水準的要求，日行性的樹蛇在眼睛、頭形和吐信行為等，皆有獨到之處！

身形苗條色隱蔽

典型的樹棲蛇類，身體最寬處一圈的長度只佔身長的 2％，而陸棲蛇類卻可能高達 30％以上。為了維持輕盈的身軀，一些樹蛇從攝食到排遺的時間，也明顯比陸蛇短。特別細長的身體有助於牠們跨越不連續的樹枝間隙；左右側扁的身體更提升了這樣的能力；再加上脊椎骨和連結肌肉的強化，使得樹棲蛇類經常可以跨越身體全長 50％以上的距離。很少做跨越動作的水棲蛇類，其跨越距離則只在全長的 10％以下。細長的身體還有隱蔽的好處，當牠們停棲在枝葉之間時較不易被發現。

在體色方面，樹棲蛇類多半不是綠色就是棕色，而且一般腹部顏色較淺，背部顏色則較深，這種對比顏色的安排，就像許多遠洋魚類的體色模式，使牠們在上方光線強，下方光線弱的環境中，更容易隱藏而不被發現。此外，一些樹棲蛇類甚至會隨風搖擺身軀，就像風中擺動的藤枝蔓條。

●樹棲蛇類經常做垂直上爬或下降的行為。

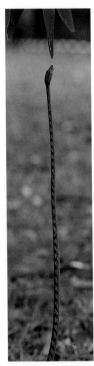

●樹棲蛇類的身體格外細長，圖為東南亞瘦蛇。

●樹棲蛇類常有深色的眼線，有利於隱蔽眼睛的位置和增強視力。圖為過樹蛇。

（Gernot Vogel 攝）

許多樹棲蛇類具有「眼線」，也就是一深色的橫條紋，從吻端經過眼睛到後頰部。陸棲蛇類也有「眼線」，但比例不如樹棲蛇類高。一般認為，「眼線」有助於隱蔽眼睛的存在，讓天敵不易發現眼睛的位置。另外，「眼線」可能可以減少自眼睛旁反射的眩光，進而增強視力，對於以動作迅速的動物為食的樹棲蛇類，幫助更大。

尖頭大眼吐信慢

樹蛇的眼睛較大，有些種類的瞳孔還特化成水平的鑰匙孔形狀，例如東南亞的瘦蛇（*Ahaetulla*）。延長的水平瞳孔不僅增加了前方的視覺重疊區，也可避免因此而減損了後側方的視覺範圍。視覺重疊區是左右兩個眼睛皆可看到的區域，在此範圍內出現的物體，兩眼所做的距離判斷較為準確。我們只要遮住一個眼睛，便會發現原來在眼前可以輕易用手指掐到的小物體，這時候變得較難抓到。許多掠食者，像貓頭鷹、虎、獅和人，為了增加視覺重疊區的範圍，兩個眼睛會前移到頭部前面的同一個平面上。但眼睛前移相對也會減少後側面的可見範圍，對於天敵很少的頂層掠食者來說，視覺範圍變小的代價並不大；但對於天敵較多的掠食者而言，很可能得不償失。

除了瞳孔特化，瘦蛇的吻部還向前延伸呈尖細狀，並在眼睛和吻端之間產生一條內凹的溝槽，以免擋住正前方的視線。類似的頭形和大眼睛也出現在其他不同屬的樹棲蛇類，例如中南美洲的蔓蛇（*Oxybelis*）、非洲的非洲藤蛇（*Thelotornis*）和海地的長尾蛇（*Uromacer*）。再一次顯現相同的環境壓力，會促使不同血緣的生物產生類似的適應方式。眼睛和頭形的特化皆是為了讓這些樹棲蛇類，能更準確的瞄準並捕捉獵物。

當蛇類靠近獵物時，快速的吐信行為，可能會引起獵物注意而提前逃掉，因此一些樹棲的瘦蛇演化出非常特別的吐信行為。牠們的舌頭伸出後，會在空中停止一段時間才

●蔓蛇的頭形和大眼酷似瘦蛇，只是瞳孔不呈鑰匙孔形狀。（左）

●瘦蛇的瞳孔特化成鑰匙孔形狀，並在眼睛和吻端間產生一條內凹的溝槽。（右）

縮回，以避免獵物發現牠們的存在。還有，若不能緊咬獵物不放，等於功虧一簣。對於經常以鳥類為食的樹棲蛇類，這無疑是項嚴酷的挑戰。因為鳥類的羽毛蓬鬆，如果蛇的利牙沒有咬入皮肉，獵物便會趁隙掙脫逃亡，因此不少樹棲蛇類具有較長的牙齒或有毒牙，以便降低獵物掙脫的機會。

循環系統大考驗

　　樹棲蛇類經常垂直上爬的行為，也考驗著循環系統的適應性。當蛇類攀樹而上時，血液因重力的關係而往下堆積，如果沒有適當的調整，流回心臟的血液會減少，接著就產生腦部或其他重要器官，供血不足的問題。和其他蛇類相比，樹蛇的血管可塑性較低，表皮較為緊繃，身軀亦較纖細，因而限制了血液向下堆積的程度。樹蛇後半身血管的神經網路也較為密集，能更快速而有效的控制血管張力，防止血液向下堆積。還有，樹蛇的血管肺較短，通常只佔身體全長的10％以下，亦可避免垂直向上時，血液往下堆積。水棲蛇類的血管肺常佔身體全長的50％以上，如果我們頭上尾下的抓著牠，可能會導致非常嚴重的情況，向下堆積的血液造成微血管破裂。另外，樹蛇的血壓一般為40～70 mmHg，而很少做垂直上爬行為的蛇類則只有20～35 mmHg，心臟的位置也比其他的蛇類更接近頭部。這些差異皆有助於樹蛇在垂直上爬時，能夠一直維持腦部的供血正常。

●台灣的大頭蛇（上）和美洲的皮帶蛇（下，Gernot Vogel攝），血緣關係雖不近，但同樣生活在樹林的環境，因而演化出相似的形態。

從天而降

蛇的適應本事⑤

　　從樹上再進入空中似乎是很合理的演化方向，在所有的脊椎動物中，爬行動物是首先走上這條路的先鋒部隊，遠在一億九千萬年前，翼龍（Pterosaurs）便已遨翔於天際。目前許多類別的動物都有滑翔的物種在樹林中生活，而適應生存相當成功的蛇類當然也沒有缺席！

●華麗金花蛇具有滑翔的能力。
（Gernot Vogel 攝）

變身降落傘

從印度到東南亞的熱帶雨林內，皆棲息著可以騰空滑翔的華麗金花蛇（*Chrysopelea ornata*）或天堂金花蛇（*Chrysopelea paradisi*）。當牠們從樹冠層的高處躍下時，肋骨向外擴張，整個身體立刻成為扁平並略向內凹，就像一個細長形的降落傘，使牠們可以在樹林間滑翔而過，其滑行的水平距離可達 100 公尺。除此之外，我們對牠們的了解仍相當有限。金花蛇屬（*Chrysopelea*）的蛇類共有 5 種，尚不清楚是否每種都具有滑翔的能力。

●天堂金花蛇棲息在印度到東南亞的熱帶雨林內。
（Gernot Vogel 攝）

●天堂金花蛇的肋骨向外擴張，身體呈扁平，就像是一個細長形的降落傘，在樹林間滑翔而過。

文化大驚奇

當人遇見蛇

哪些民族崇拜蛇類？
龍和蛇有關嗎？
為何現代許多人唾棄蛇？
虺、蝮、蚺、螣、蝰是指什麼蛇？
怕蛇是先天的遺傳？還是後天的影響？
極度怕蛇的人可以根治嗎？
生吞蛇膽會不會有風險？
吃蛇可以治病養生嗎？
蛇油可以治療禿頭？

謎樣的史前時代

當人首度遇見蛇

很久很久以前，當人類首度遇見蛇，曾碰撞出什麼火花呢？吃了牠？被牠吃？還是視牠為怪力亂神？因為年代遙遠，相關證據又太少，要解答這些謎題，學者專家也傷透腦筋呢！

史前洞穴遺跡

遠在 2～3 萬年前，蛇類就已出現在史前人類的洞穴壁畫上。為何蛇的形體會出現在法國和西班牙的洞穴中？當時畫作上的動物，如果不是重要的狩獵動物，如野牛、鹿、馬等；就是危險的天敵，如獅、胡狼或熊；或是賦有神力的圖騰。而蛇類在當時究竟是被視為何種角色？因為缺少證據，實在難以判斷，但至少顯示牠們已開始出現在史前人類的生活之中。

除了洞穴壁畫之外，從洞穴內出土的一些獸骨或刀片工具，也刻有蛇的圖像，但是大多無法辨認種類，有些則可能是歐洲常見的游蛇。不過，其中有一個馴鹿角上的蛇類圖案的特徵非常明顯，根據牠的體型和花紋，專家可以辨識出牠正是目前仍廣泛分布於歐洲的極北蝮（*Vipera berus*）。同樣地，為何史前人類會在工具上刻畫蛇的圖案呢？研究蛇類文化的專家推測，史前人類可能在見識了蛇類咬噬獵物之後，進而將其圖像視為護身符，雕刻在他們使用的工具上，藉此希望簡單的武器也能具備和蛇一樣的殺傷力。

●犀角膨蝮（上）和加蓬膨蝮（中，Peter Mirtschin 攝）可能是布希曼人壁畫蛇像（下）的參考來源。

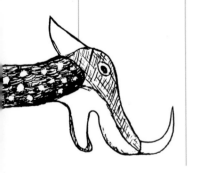

現代原民壁畫

因為史前洞穴中欠缺有力的證據，得以解答蛇類當時所扮演的角色，於是專家們便嘗試著研究，現代仍過著較原始生活的人民的洞穴壁畫，希望能獲得些許推論的線索。

南非的布希曼人直至近代才停止洞穴壁畫，他們畫的

蛇，吻端經常有一對角。這類圖像可能源自該地著名的膨蝮蛇類，如犀角膨蝮（*Bitis nasicornis*），吻端具有特化的大型鱗片，看起來像一個角；或是加蓬膨蝮（*Bitis gabonica*），在兩個鼻孔之間有一對特化的鱗片，看起來也像一對角。此外，布希曼人畫的蛇還常具有一些原本沒有的特徵，如耳朵和頭髮，這些外加的特徵可能和他們的起源傳說有關。傳說卡岡神（Cagn）是眾神之王，他的住處只有羚羊才知道，卡岡的女兒後來嫁給了蛇，他們生育的子代就是現在的布希曼人，可見布希曼人壁畫上的蛇已經被圖騰化和神格化。

澳洲是現代唯一仍進行洞穴壁畫的地方，且蛇類的形象出現在許多原住民的繪畫之中，其中最壯觀的，莫過於掌管水源的彩虹巨蛇。澳洲原住民傳說，乾季時彩虹巨蛇棲身於永不乾涸的水坑或湖泊中，下雨時便騰雲駕霧化為彩虹。那些任意在水源洗澡、污染水源的人們，會受到彩虹巨蛇的懲罰。牠會釋放許多小蛇，從侵犯者的肚臍鑽入體內，造成死亡。在缺水的澳洲內陸，水神的地位崇高，有些部落更將巨蛇的地位提升為世界的創始者。傳說祂創造了所有的地景地物，並教導澳洲原住民使用工具和武器、制訂法律和祭典儀式。某些部落在雨季來臨前，還會特意將壁畫上的蛇神再修飾一番，如果他們怠惰了修飾蛇神的工作，雨季可能不再來而造成旱災。

藉今溯古，透過上述例子，我們隱約可以感覺到，蛇在史前人類的生活中，似乎扮演著具有神祕力量的角色。

●澳洲原住民的壁畫及飾品上經常出現掌管水源的彩虹巨蛇。

超
自然
的神力

蛇類崇拜與神話

蛇無眼瞼，因此從不眨眼，始終面無表情，一付聰明警覺又莫測高深的模樣；雖沒有腳，卻總是來無影去無蹤，就像飄浮在空中的幽靈；甚且牠還會蛻皮變大！也許正是這些迥異於人類的特徵，讓早期的人類深信蛇具有超自然的能力，並將牠和鬼魂或逝世的祖先連結在一起。那時崇拜蛇類的宗教信仰或相關活動，廣布於世界各地。有些專家認為蛇類崇拜起源於近東，再流傳至非洲、亞洲、歐洲和美洲；但是比較謹慎的學者認為，蛇類崇拜是各地獨立發展出來的，而這些不同文化衍生出相似的迷思或信仰，正好突顯了蛇類被視為文化圖騰的潛力。

非洲

非洲人崇拜蟒蛇，相信牠具有讓人重生或多子多孫的神力。西非地區的人對蟒蛇的崇敬程度，已到了看見牠就跪地膜拜的地步。不論侵犯或殺害蟒蛇，皆會被處以極刑。所以蟒蛇在西非受到相當程度的保護，並非源自於法律的制裁力量，而是導源於原住民愛護牠們的情愫，讓外地的人無法在當地獵捕蟒蛇。

美洲

北美洲的印地安人也多認為，蛇具有超自然的能力，且經常將牠和降雨、雷電連結在一起。一些以耕作為生的印地安人，在求雨的祭典中還會手握活蛇，他們認為蛇是天神的信差，可以將人們的祈禱傳達給雨神。在中南美洲的馬雅（Mayan）和阿茲提克（Aztec）文明裡，和蛇有關的石刻圖像更是不勝枚舉。除了降雨，蛇也可能是保護族人的戰神，其中一個經常出現的圖像，稱為「達特查可特」（Quetzalcoati），身上布滿鳥類的羽毛。專

●馬雅蛇雕像。

家認為鳥羽代表天，而蛇身代表地，因此「達特查可特」代表天地之神，是墨西哥人非常重要的造物之神，祂發明了農耕、冶金，並創造所有的藝術和文明。

希臘

古希臘人傳說蛇創造了萬物。在混沌之初，大地之母蓋亞（Gaea）與一條長蛇交配，隨後產下一顆宇宙之蛋，長蛇盤繞在蛋上，直到蛋分裂成兩半，山河樹木和日月星辰才從蛋內蹦跳而出。蓋亞和長蛇選擇了最高的奧林帕斯山做為祂們的居所。不久，蓋亞又生了一個兒子，取名為「烏拉諾斯」（Ournus），祂就是希臘諸神的父親。

埃及

古埃及人認為蛇是太古時期留下來的神祕生物，牠們不是代表萬能的造物主，就是和天神有密切的血緣關係，所以必須小心對待。尼羅河河神就是蛇的化身，每年春天祂總是讓河水氾濫再消退，然後便露出一丘丘肥沃的耕土。至於眼鏡蛇女神伊鳩（Ejo），原來只是河口三角洲的守護神，後來祂驅退所有的敵人，成為世界的女神。另外，當眼鏡蛇昂頭盤繞在太陽神的額頭時，代表著太陽神銳利神奇的眼睛正發揮祂全部的魔力；法老王的頭飾上也有一隻昂首的眼鏡蛇，象徵此統治者具有無比的神力，可以保護祂的王國。

印度

印度和斯里蘭卡的德拉威族（Dravadians），會將逝世的首領神格化，認為將以眼鏡蛇的形體出現，因此眼鏡蛇是他們的圖騰。印度教的三大神中，昆濕奴（Vishnu）和

●埃及法老王的頭飾上有一隻昂首的眼鏡蛇，象徵統治者具有無比的神力，可以保護祂的王國。

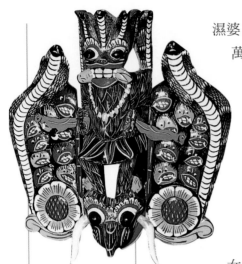

●眼鏡蛇是斯里蘭卡的圖騰。

濕婆（Shiva）都和蛇有密切的關係。昆濕奴是萬物創造者，也是秩序的維護者。傳說中昆濕奴睡在一條飄浮於海上的七頭巨蛇上，祂用此巨蛇翻攪海水以創造世界，翻攪的過程對蛇顯然非常痛苦，因此其毒液便不斷流出來，為了拯救世界不被毒液摧毀，濕婆竟把所有的毒液都喝下去，祂的喉嚨也因此被毒液染成藍色。濕婆經常以兩性結合的形體出現，右半身為男性身體，手臂纏繞著蛇，左半身則為女性身體，兩性合一代表創造生命。濕婆派的信徒也都崇拜蛇，在膜拜濕婆的儀式中，信徒會對活的眼鏡蛇，獻上食物、花或紅色的顏料。

其實在梵文發明之前的早期印度信仰中，蛇神（Naga）和他的太太（Nagini）就已經是各村莊最主要的守護神，眼鏡蛇的屬名 "Naja" 就是源自蛇神 "Naga"。蛇神除了以蛇的形體出現外，也常以蛇身人面的形體出現，有些被膜拜的石雕蛇神則是兩個纏在一起的蛇身人面。

中國

中國古代亦有些許蛇的傳說，譬如漢代的石刻畫像中常有伏羲和女媧的交尾圖，相傳他們原是兄妹，在洪水來時躲入大葫蘆內，結婚後才創造出現今的人類。女媧還曾做了補天的工作，平息天災地變，因而有「女媧補天」之說。另外相傳大禹鑿龍門山治水時，曾遇見一位蛇身人面的神，指示他八卦之圖，並交予他玉簡做為丈量天地的工具，因此大禹才能完成平定水患的大業，而這位指點迷津的神就是伏羲氏。

●多頭蛇的圖像與印度的創世文明有關。

台灣

台灣的原住民中，排灣族認為百步蛇是他們的祖先，

他們的創世神話大多和百步蛇有關，譬如傳說太陽生的蛋由百步蛇孵出一男一女，之後變成他們的祖先。因此排灣族的許多用品和手工藝品，經常以百步蛇為圖騰花紋，如木雕、石雕、服飾和器具。而魯凱族和卑南族的創世神話雖然和排灣族有些不同，但大多和百步蛇有關，所以他們也都以尊敬的態度對待百步蛇。

●飾有百步蛇紋浮雕的陶壺曾是排灣族傳家寶。

龍和蛇有關嗎？

龍細長的身體和身上的鱗片，確實和蛇有些相似，而且蛇又稱「小龍」，所以有人認為龍可能是蛇圖騰化而來。但龍一直有四隻腳，而且蛇的舌頭和龍截然不同。另外，圖像中的龍，初始時身體並不長，漢朝以後身體才變長，並逐漸在明朝定型為現今的模樣，加上在先秦的典籍中，龍蛇兩字早就不混用，所以龍不太可能是從蛇圖騰化而來。

根據東西方學者的考證，龍最可能由鱷魚演變而來，兩者有許多相同之處，例如眼睛上凸、嘴巴延長、上下兩排利齒、鱗片明顯、四隻短腳及具利爪、尾巴延長並具三角形盾板等。而從龍字的演變，可知牠一直具有巨口和獠牙，雖然並不一定有四隻腳，但甲古文中的龍字卻明顯的有短腳、巨嘴和尾巴，很像一隻張大嘴巴的鱷魚。此外，根據古氣象學的研究，商周以前中國的中原地區氣候相當濕熱，加上古地層中已發現的古鱷類化石多達 17 屬，所以中原地區的鱷魚數量應曾相當豐富，後來因為氣候改變及人類改變了自然環境，才逐漸消失。《詩經》曾提及：「鼉鼓逢逢」，鼉鼓就是由鱷魚皮做成的大鼓。由此可見我們的祖先應曾和鱷魚共同生活過。當鱷魚逐漸消失後，一些不真實的傳說開始蔓延，即至帝王選擇牠們作為權力的象徵後，更強化了其中神祕的色彩與形象。

龍的古字

仇蛇的迷思

不論西方或東方，在早期人類的文明裡，蛇類經常和創世者、祖先、重生或多產豐收有關，深受崇拜和尊敬。然而，隨著人類文明的演進，蛇類在人們心目中的地位卻一落千里，甚至備受唾棄。除了少數地區，如印度外，現今多數世人都將蛇類視為邪惡和可怕的對象。

西方宗教的殺傷力

蛇在西方世界普遍受到嫌棄，宗教可能發揮了相當的影響力。根據《舊約聖經》創世紀第三章的記載，亞當和夏娃本來在伊甸園裡過著幸福快樂的日子，蛇卻慫恿夏娃去偷吃禁果，夏娃並讓亞當也一起吃下禁果，結果就如蛇所說的一樣，兩人不但沒死，眼睛還變得更明亮，這才發現自己一絲不掛，於是用樹葉為自己編裙子。耶和華發現後，便懲罰蛇只能用肚子行走，並終生以塵土為食；懲罰夏娃在生產兒女時，受到更多的苦痛，並受丈夫管轄；懲罰亞當終身勞苦，且汗流滿面才得以餬口；又詛咒蛇和女人互相仇恨，彼此的後裔也互相仇視，人看到蛇一定會傷牠的頭，而蛇也會反咬人的腳。

《聖經》上這條聲名狼藉的蛇，對真實世界的蛇，產生了巨大的殺傷力。後世將牠們劃上等號，普遍認為蛇正是邪惡的動物。中世紀時，基督教信仰甚至譴責其他文化的蛇神，不論祂們是好是壞，皆認定祂們和惡魔有關。這種厭惡的態度至十七世紀時仍顯露無疑，在一本蛇的自然史裡，作者描述：「自從惡魔進入蛇的體內之後，牠變成所有人厭惡憎恨的對象。」即使到了十八世紀，自然學者仍然認為惡魔隱身在蛇的形體之下。

東方社會兩種評價

基督教信仰幾乎全面扭轉了西方人對蛇類的看法，那麼東方社會呢？迄今印度仍維持著蛇類崇拜的習俗，譬如南印度在七、八月的雨季，普遍會舉行一個拜蛇的慶典。祭典之前，村民將採集或買來的眼鏡蛇，暫時養在陶罐或其他的容器內；節慶時再釋放出來，讓村民對這些眼鏡蛇獻上牛奶、鮮花或紅色的顏料；節慶過後，則將這些蛇全數放回野外。

●蛇誘引夏娃偷吃禁果圖。

　　不過，在中國人的社會裡，仍廣泛存在著打蛇積陰德的想法，許多人看到蛇便想要打死牠，並認為打死蛇等於做了一件好事，這樣牠才不會危害其他的人。而中國的成語俗諺，對蛇的描述亦多屬負面，例如虎頭蛇尾、龍蛇混雜、蛇鼠橫行、蛇蠍美人、虛與委蛇、蛇口蜂針、春蚓秋蛇、杯弓蛇影、一朝被蛇咬十年怕草繩等。這些負面的印象與想法，究竟是出於自衛，或是其他莫名的誤解迷思，仍不得而知。

說文解字

　　曾想過，「蛇」這個字是怎麼來的嗎？而在閱讀蛇類的資料時，偶爾會瞧見幾個不常見的字，譬如虺、蝮、蚺、蟒、蝰……它們又出自何處？意指哪些蛇類呢？

　　蛇是「虫」和「它」的組合字，而「它」的一些古字很像一條三角頭的蛇。東漢許慎的《說文解字》曾寫道：「上古草居患它，故相問無它呼。」其中的「它」就是蛇。《詩經》中已出現「蛇」和「虺」兩字，蛇泛指一般蛇類，而虺則為毒蛇，當時可能只將蛇區分為有毒和無毒兩大類。隨後在《山海經》中出現「蝮虫」，蝮也是毒蛇，後來的人常將「蝮」和「虺」混用。南朝陶弘景所著的《名醫別錄》對這兩個字有較詳細的描述：「蝮蛇，黃黑色如土，白斑黃頷尖口，毒最烈。虺形短而扁……蛇類甚眾，唯此二種及青蝰為猛。不即療，多死。」從其描述，有些學者認為蝮是指百步蛇，虺是指蝮蛇，而青蝰則是赤尾青竹絲。

　　晉朝的郭璞在注釋《爾雅》一書時，除了寫到「蝮」、「虺」與「蟒」，還出現「蚺」字，蟒和蚺都是指大型蛇類。如今蚺字已很少用，反而是蚺較常見，蚺也是大蛇。唐朝劉恂的《嶺表錄》曾記：「蚺蛇……春夏于山林中伺鹿吞之。」蚺和蟒原來都是指巨大的蛇，且都出現在大陸，但現在牠們的區別為：蚺蛇一般只出現在美洲新大陸，且為胎生；而舊大陸多由卵生的蟒蛇所佔據。此外，現今台灣的毒蛇名稱已不見「蝰」字，大陸則仍保留。譬如 "Viperidae" 台灣稱為蝮蛇科，其下分成沒有頰窩的「蝮蛇亞科」和有頰窩的「響尾蛇亞科」兩個亞科；大陸則稱為「蝰科」，分成「蝰亞科」和「蝮亞科」。本書將蝰用在另一科的毒蛇，即棲息於非洲和中東地區的穴蝰科。

蛇的古字「它」

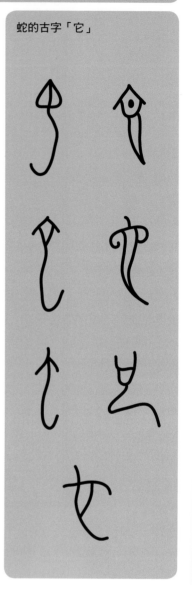

怕蛇心理學

人為何會怕蛇？

「你怕蛇嗎？」提起這個問題，多數人的答案是肯定的，而且通常會顯露出畏懼或噁心的神色。繼而聊起怕蛇的理由，則不外乎：「濕濕黏黏的！」「令人毛骨悚然！」「有毒！」「很危險！」「會咬人！」「邪惡！」「很髒！」其實，這些大都是莫須有的罪名，蛇一點也不濕黏，多數沒有毒，鮮少主動攻擊人類。人蛇相遇時，蛇大多先逃之夭夭。長久以來，人類大大冤枉了蛇類。

先天還是後天

人先天怕蛇？還是受到後天的影響？這個問題很早就引起生物學家或心理學者的興趣，他們試圖從和人類血緣相近的猿猴得知端倪，比方西元 1835 年即有紀錄顯示：倫敦動物園的一隻年輕黑猩猩，看到籃子內的蟒蛇時顯得驚恐不已。達爾文也曾進

●未受周遭親友影響的嬰孩絲毫不怕蛇。

行實驗，他發現只要一隻布偶蛇就足以讓猩猩群騷動不停。後來的人則陸續發現紅毛猩猩、長臂猿和許多猴子也都怕蛇，只是害怕的程度各有不同。綜合所有實驗顯示，靈長目動物似乎很怕蛇，只有侷限在馬達加斯加島上的狐猴不怕蛇，而馬達加斯加也沒有毒性強的蛇類。此結果暗示怕蛇可能有利於生存適應，因為靈長目動物

會懂得避開危險的蛇類，而且這種害怕可能根源於共同的祖先，是天生具有的行為反應。

然而進一步的實驗卻發現，黑猩猩不只怕蛇，蚯蚓、蟑螂、小老鼠，甚至天竺鼠都會引起牠們的注意和恐慌。但是一隻剛斷奶的小猩猩並不怕蛇，牠還試著去親吻蛇的嘴巴。另外，也有人記錄到從小被人養大的猴子並不會怕蛇，所以猿猴怕蛇可能是來自後天的學習，並不是根源於天生的能力。

直接測試人類的小孩也許最容易解開先天還是後天的謎團。兩位美國的心理學者發現，兩歲以前的嬰孩並不怕蛇，而三歲半左右的幼兒看到蛇後會略顯猶豫，但偶爾仍會輕觸眼前的蛇，四歲以上的小孩才會顯出怕蛇的行為。筆者自己也做過類似的小試驗，大兒子未滿半歲時，我從實驗室拿回一隻出生不久的小蛇放在他面前，他毫不猶疑的伸手捉住蛇後便要往嘴裡送，還好我趕緊將蛇救回來。小兒子則在七個月大時第一次看到蛇，他對蛇的反應和老大如出一轍。他和活蛇接觸不久後，我母親前來家裡小住。她陪小兒子玩時，我從櫃子內拿出一隻塑膠蛇，她看他要伸手捉假蛇時，便發出驚恐的聲音嚇唬他，同時把他的手抓回來，沒幾次，小兒子便不敢碰那尾塑膠蛇。我後來花了一些功夫鼓勵他碰一下、碰一下，他才又逐漸恢復捉蛇的信心。因此我相信人類怕蛇應該不是本能的反應，成長過程中家人、朋友和師長的影響，才是現今人類普遍怕蛇的主因。

如何克服恐懼

筆者在許多地方受邀演講蛇類保育時，曾做過簡單的調查，亦即將怕蛇的程度分為五級，最怕的第一級是連圖片都不敢看；其次是第二級，敢看圖片但不敢看活蛇；第三級是敢看活蛇，但不敢觸摸蛇；第四級則敢摸別人手上的蛇，但不敢自己抓蛇；第五級則是敢自己抓蛇。在1815

●直接和蛇接觸，可以克服對蛇的無謂害怕。

人的調查中，非常怕蛇的人（第一、二級）其實只佔不到5％，多數的人還是可以鼓起勇氣和蛇接觸一下。後來有位聽眾建議應該讓他們摸過蛇後，再做一次怕蛇程度調查，我採納了他的意見，在之後的959人同時進行觸摸前後的調查，結果第四、五級的人增加到84.7％，而非常怕蛇的人只剩下0.8％。由此粗略調查可發現，直接和蛇接觸顯然可以強力扭轉人類對蛇的無謂害怕。

　　其實只要方法適當，絕大多數的人應該可以克服怕蛇的心態，曾有一位西方婦人即使沒看到蛇也會害怕，因此她都不敢涉足任何長草的地方，也不敢帶自己的小孩去公園

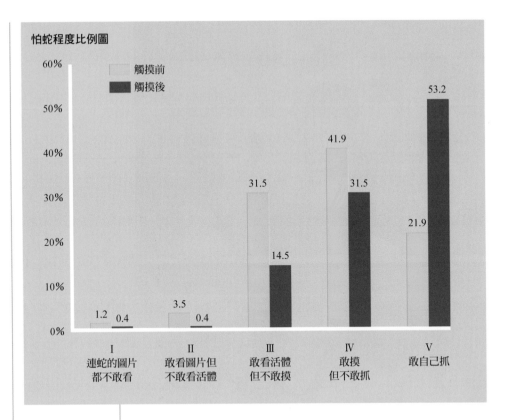

怕蛇程度比例圖

圖例：
觸摸前
觸摸後

	I 連蛇的圖片都不敢看	II 敢看圖片但不敢看活體	III 敢看活體但不敢摸	IV 敢摸但不敢抓	V 敢自己抓
觸摸前	1.2	3.5	31.5	41.9	21.9
觸摸後	0.4	0.4	14.5	31.5	53.2

玩。她擔心對小孩的成長發展有不良的影響，於是決定去做心理治療。一開始，心理醫生讓她看電視上的蛇，她嚇得畏縮在沙發裡，雙手遮臉，從指縫間偷瞄，多次以後她才能正常的坐在沙發上觀賞蛇類錄影帶。然後心理醫生鼓勵她摸放在桌上的塑膠假蛇，花了一番功夫後，她才勉強伸手摸蛇，之後真蛇才上場。雖然不容易，但經過長時間循序漸進的努力，這位勇敢的媽媽終於克服對蛇的恐懼感，她最後放鬆的讓蛇盤在肩上。可以想見，從此她可以和兒子一起在公園享受快樂的時光，再也不會讓無謂的恐懼感不斷的折磨自己。

　　人類怕蛇實在是導因於後天的誤解和不當的宣傳，所幸藉由後天的教育，應可以為蛇類洗刷千百年來受到的冤屈和不當的對待。不嘗試著去了解這類美麗而溫馴的生物，甚至唾棄牠們，反而是我們自己的一大損失。

蛇的經濟價值

雖然有不少人害怕蛇類，但對某些人而言，蛇類卻是生財之道，處處可見商機，譬如食用、工藝製品、娛樂表演等。不過這些利用必須合理適當，畢竟維持自然生態的平衡是每一位地球公民的義務。除了經濟價值，蛇類對於藝術文化、學術研究、農業生產和生態系平衡也都深具價值。只有真實的了解牠們，我們才不會被千百年來的偏見所蒙蔽，當社會大眾愈了解牠們，我們也愈能和牠和平共處。

餐飲食用

對人類來說，蛇最原始的價值就是食用。在美國佛羅里達州的史前人類遺址中，東部菱斑響尾蛇（*Crotalus adamanteus*）的遺骨化石和其他的食物殘渣化石在一起，顯示史前人類已會捕殺蛇類食用。雖然澳洲的原住民多崇拜蛇，但有些地方的原住民將蛇

●風乾的海蛇肉是海南島的名產。

視為難得的佳餚，以補充平常動物性蛋白質不足的缺憾，他們還會舉行特殊的祭典，祈求可食用的蛇多一點。非洲部分地區和南美洲的人，也會捕食體型較大的蟒蛇或蚺蛇。亞洲是最常吃蛇的地區，北從日本、韓國，南至泰國、印尼，都不乏吃蛇的事例或餐廳。馬尼拉曾有專賣海蛇的餐廳，日本觀光客相信生吃海蛇和生飲其血有壯陽的功用。海南島至今還在賣風乾的海蛇肉供人烹食，當地人會將海蛇肉剁碎混在香腸之中。廣東可說是全世界最負盛名的吃蛇地區，每年吃掉的蛇難以計數。廣州最大的一家蛇王滿餐廳，烹煮蛇的方式繁

●台北華西街觀光
夜市的蛇類餐飲名
號響亮。

多，至少有 30 種以上的菜式，每年吃掉 30 多噸的蛇，相當於 10 萬條以上。香港和台灣吃蛇的名號也很響亮，生剖活蛇、喝蛇血、吞蛇膽的吃法，經常讓觀光客瞠目結舌，台北華西街的觀光夜市就是以這種表演馳名中外。

雖然民間相信蛇膽滋補養身且可明目，但生吃蛇膽可是有性命風險的！民國 78 年 1 月首次在台北仁愛醫院，發現本地因生吃蛇膽而感染百步蛇舌蟲症的病例。舌蟲寄生在蛇類的呼吸道內，蟲卵從呼吸道排出後，很容易經表演或殺蛇的過程污染到其他部位，即使用酒沖洗或浸泡也不會立即死亡，進入人體後會在肝臟、肺臟和腹腔等到處孵化，嚴重時可導致死亡。另外，民國 87 年 9 月台北榮總曾接獲三位因服用蛇膽而身體不適的病人，其中兩位最後因猛爆性肝炎過世。

娛樂表演

雖然多數人不喜歡蛇，但並不表示不想接近或了解牠們，反而在畏懼之餘，許多人期待揭開牠們的神祕面紗，因而各大動物園的爬蟲館（經常被稱為蛇館）總是門庭若市，以及數不清的娛樂電影或表演，會用蛇來刺激觀眾的情緒反應。

美國許多小鄉鎮，尤其是南部的阿拉巴馬州、喬治亞州、佛羅里達州、奧克拉荷馬州和德州等，每年春夏之際會舉行響尾蛇的圍捕盛會，也就是將捕捉到的響尾蛇聚集在村內，做各種比賽和表演。例如將一群響尾蛇放在一個小圍場內，由一位穿著馬靴的人在場內走來走去，一面向觀眾解說響尾蛇，一面用腳逗弄準備攻擊的響尾蛇；還有將一布袋的蛇倒在擂台上，看誰在限制的時間內捉回最多

●響尾蛇的圍捕盛會每年總是吸引成千上萬的遊客。
（Gregory Sievert 攝）

●弄蛇人引導眼鏡
蛇起舞，是東方世
界常見的蛇類表
演。

（Mark O'Shea 攝）

的蛇，不少莽夫會以赤手捉蛇的方式求勝，結果總是換來
蛇吻而到旁邊接受血清注射。這類活動每年吸引了成千上
萬的遊客和小販前來，為地方帶來相當可觀的收入。

　　舞蛇魔術則是東方世界最具代表性的蛇類表演。傳說舞
蛇魔術源自古埃及，表演者在獲得太陽神的神諭後才有駕
馭毒蛇的能力，現在的表演者則只要具備一些蛇類的常識
和訓練便能演出。弄蛇人引導眼鏡蛇隨音樂起舞是最見的
表演，其實蛇的聽覺不好，聽不到笛子的聲音，但眼鏡蛇
的視覺還不錯，實驗的結果也證實，牠們是跟隨笛子或表
演者的肢體動作而擺動，沒有音樂也無妨。為了安全，有
些會將蛇的毒牙拔除或表演前先擠毒。另一種表演是與眼
鏡王蛇（*Ophiophagus hannah*）對舞，亦即不斷激怒眼鏡
王蛇攻擊，但舞者總能靈巧的閃避。表演結束時，舞者多
會在眼鏡王蛇的頭頂獻上一吻。多數蛇在表演前受過訓
練，表演者讓牠攻擊時咬上熱鐵棍，以制約牠只做攻擊而
無咬嚙的動作。另外，親吻蛇頭的要領是由上慢慢往下接
近頭頂，因為蛇較容易向前或下方攻擊，如此可以減少被
攻擊的機率。即使如此，還是偶有表演者失手而發生魂歸

●蛇皮製成的靴子。

西天的不幸事件。

工藝製品

　　蛇皮或其製品，如皮帶、皮包和靴子等，在全球有很龐大的市場。北美、歐洲和日本是這些製品的主要消耗地區；而亞洲是蛇皮的主要供應地區，從菲律賓運往日本的海蛇皮，在 1970 年期間每年常有 20 萬條左右，有時甚至多達 45 萬條。澳洲的捕蝦船在拖網時常同時拖上許多海蛇，僅僅在北邊的海灣每年便意外捕獲 10 萬條左右的海蛇，其中約 4000 條在拖上來時已死亡，基於充分利用資源，澳洲政府在 1986 年批准廠商有限度的利用海蛇，本來這些海蛇皮製成的手工藝品，只在澳洲境內出售，後來「鱷魚先生」的電影大受歡迎後，主角所穿的海蛇皮夾克立刻風靡海外，使澳洲政府出口海蛇皮製品的壓力大增。海蛇之外，陸棲蛇類的皮革製品亦有不少的需求，例如 1970 年代印度平均每年出口 100 萬張蟒蛇皮；1992 年單是輸入英國一個國家的蛇皮就高達 23 萬張，另有 11.2 萬件已製成靴子和皮包等；據估計，美國市場每年的蛇類製品交易金額高達數百萬美元。

寵物飼養

　　近年來活蛇在寵物市場也逐漸走紅，每年輸入美國和義大利等先進國家的活蛇達數萬條。美國現在已經管制從野外捕捉活蛇販售，為了供應龐大的市場需求，蛇類繁殖場四處林立，而且每年舉辦一次的兩生爬行動物繁殖商展覽，都有百家以上的繁殖商參展。筆者曾參加 2000 年在佛羅里達舉辦的展覽，雖然需要購票才能入場參觀，場內還是萬頭鑽動，盛況不輸給我們在世貿中心舉辦的電腦展或書展。這股養蛇當寵物的風潮也開始在台灣出現，商機雖然可期，但極待建立管理辦法。

蛇的醫療貢獻

水能載舟亦能覆舟，毒蛇因含有蛇毒而令人畏懼，但蛇毒卻也是救命的良藥。它治療疼痛的效果比嗎啡還好，不僅可以治療血栓、高血壓、促進凝血等，未來還可抑制癌細胞轉移、不孕等，可說是醫藥界的明日之星！

待驗證的傳統偏方

中國人吃蛇經常和藥用混合。《神農本草經》是在東漢時期完成的中國第一部藥物學著作，其中曾提及蛇蛻可治療癲癇和腸痔；南朝的《本草經集注》則增加了蚺蛇和蝮蛇兩種藥用的紀錄；唐代柳宗元在《捕蛇者說》一文也提到：「尖吻蝮蛇（即百步蛇）可以已大風……瘰癧瘻，去死肌，殺三蟲……」宋代的《開寶本草》則提到烏蛇主治熱毒風、皮肌生癩等症；到了明朝李時珍的《本草綱目》，已將可做為藥用的蛇增加到十種以上。馬可孛羅也曾將東方利用蛇入藥的情況，記載在他的遊記中。和東方人相似，善於使用草藥的美洲印地安人，也會利用蛇油治療頭痛。此外，羅馬時代的學者普立尼（Pliny）也曾建議蛇油可以治療禿頭。然而，這些傳統的醫療偏方因為缺少科學的證據，是否真有療效還有待進一步驗證。

蛇毒變良藥

不過，人類確實已從蛇毒裡，研發出許多具有醫療效果的藥物。蛇毒除了可以提煉血清，救治毒蛇咬傷，還具備不少療效。因為蛇毒是由許多不同的蛋白質和毒素組合而成，每一種物質都有它獨特的功能，如抑制凝血、促進凝血、降血壓、阻斷神經傳導等，這些原本用

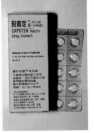

● Capoten 是治療高血壓的良藥（下），它是從蝮蛇科蛇類的毒液提煉而成（上）。

來毒殺其他動物的毒素，經過適當的處理後，就轉變成救人的良藥。

例如從馬來西亞紅口蝮（*Calloselasma rhodostoma*）的蛇毒，提煉的 "Arvin" 或 "Ancord" 可用來治療血栓，且對於血管壁上的腫瘤斑塊也有消除的作用。從鎖鍊蛇蛇毒提煉的 "Stypven"，可以治療因血小板凝集而導致的冠狀動脈阻塞病變；鎖鍊蛇的另一種蛇毒成分則有相反的效果，它可以促進血液凝集，是治療血友病患者傷口血流不止的良藥。另外像 "Capoten" 和中國大陸研發的 701 膠囊，則是治療高血壓的良藥，它們是從蝮蛇科蛇類的毒液提煉而成。眼鏡蛇的一些毒素，在 1933 年時就已被用來做為止痛劑，現在市面上可見的止痛藥，例如 "Coboroxin"、"Nyloxin"，以及剋痛寧和新剋痛寧都是後來再繼續研發的止痛藥。這些止痛藥的效果相當好，連續用藥也不易產生抗藥性，又不像嗎啡會有上癮的危險，對於癌症晚期疼痛、神經痛、風濕性關節痛等的治療效果都比嗎啡好。還有由蛇毒製成的 "Provin" 則有增強免疫力的功能。此外，

蛇毒在治療人類其他的一些疾病上也前景看好，將來蛇毒可能會用來抑制癌細胞轉移、肺氣腫、預防骨質疏鬆、微生物感染，和治療因精蟲的活動力不足而導致的不孕，以及治療因外科手術引起的神經創傷或一些神經萎縮性疾病。

關於蛇毒的化學結構、藥理和臨床應用，其實有很大的功勞來自於台灣的蛇毒研究團隊。從日治時代開始，唯一的台籍醫學教授杜聰明博士，便帶領一群得意門生，包括享譽國際的蛇毒權威李鎮源院士，作出許多第一手且卓越的科學成果，現在仍有一些研究人員在默默耕耘。蛇毒製藥未來依舊前景光明，但願我們的研究成績也持續斐然。

醫藥之神

為何世界各國的醫藥相關單位，如美國藥物學協會、墨西哥獸醫協會、台灣的衛生署等，代表的標誌都少不了蛇？其實這是源自希臘的醫藥之神——艾斯克拉皮爾斯（Aesculapius）。

希臘人發現蛇在蛻掉舊皮之後，顯得更光澤健康，因此將蛇視為重生或康復痊癒的象徵。早期的醫藥之神只有蛇的形體，後來才有人的形體出現，但祂一定會帶一根枴杖，杖上則纏繞著一隻蛇。現今醫療相關單位的標誌幾乎都源自於這隻蛇繞棍的圖像。古希臘和羅馬人也因此特別鍾愛一種溫馴無毒的蛇，稱為「艾斯克拉皮爾斯蛇」（Aesculapius snake），牠的學名為 *Elaphe longissima*。他們相信讓此蛇在住家內生活，可以為家人帶來健康。牠在羅馬帝國時期，被引進歐洲各處，現今在中歐一些地方還有一些孑遺的族群，可能就是當初人為的結果。

世界各國醫藥相關單位的代表標誌

美國醫藥學院　保加利亞醫藥製造　以色列藥學協會

以色列藥物協會　美國藥物學協會　芬蘭藥劑師協會

委內瑞拉國家藥學院　墨西哥獸醫協會　蘇黎士製藥公司

台灣
蛇類現場

台灣究竟有多少種蛇？
毒蛇多不多？蛇類相有何特色？
本篇探討台灣蛇類相的成因，
並收錄 55 種詳盡的蛇類圖鑑，
其中包含 48 種原生蛇類和
7 種常見的外來種寵物蛇，
提供讀者一個認識台灣蛇類的最佳紙上現場。

台灣蛇類動物地理

全世界的蛇類分成 15 科約 2760 種，而台灣的原生蛇類共 4 科 52 種。市面上雖有 10 幾種外來種的寵物蛇，所幸尚未有逃逸至野外並建立族群的現象。52 種蛇類之中，原始蛇類極少，雖有 22 種具有毒性，但多數攻擊性不強。台灣四面環海，因此除了陸域和淡水蛇類，亦包含 7 種海蛇。多數蛇種分布遍及全島，但海拔愈高蛇種愈少。另外，有八成以上的蛇種和大陸共有，且種類比蜥蜴多，但特有種比例比蜥蜴低。

●菊池氏龜殼花是台灣蛇類中分布海拔較高的種類。

與大陸共有種類多

究竟是什麼因素導致台灣的四科蛇類中，僅盲蛇一科屬於較原始的蛇類，而黃頷蛇、蝙蝠蛇和蝮蛇三科，都屬於較晚演化出來的新蛇類群，目前並不清楚。不過，另一些台灣蛇類的分布現象與成因則不難理解。首先，蛇是冷血動物，因此隨著海拔升高，棲息的種類自然愈少。在台灣海拔 1000 公尺以下的地區可發現約 40 種蛇類，但在 2000 公尺以上的高山，則僅剩不到 10 種蛇類棲息。此外，台灣是一個海島，生物種類數自然亦受到距離大陸的遠近、生物的播遷能力、島的面積和地理氣候等因素影響。

當島嶼與大陸之間的距離愈近時，愈容易有不同的物種遷移過來。台灣和中國大陸僅相距約 150 公里，且台灣海峽水深不及 100 公尺，在過去的地質年代中，隨著數度冰期的發生與消退，海平面也跟著下降與上升，台灣和中國大陸也因此相連、分離數回。台灣和中國大陸最後一次分離，距今不過一萬六千多年前。因此台灣和中國大陸的動物種類關係極為密切，以兩生爬行動物而言，台灣有一半以上的種類和中國大陸共有；若單看蛇類，共有種類更是高達 80%。

一般而言，散播能力較強的類群，遷徙至島嶼的可能性較高，因此種類數也較多。全世界的蛇類 2760 多種，台灣有 52 種，約佔 2%；而和蛇類血緣相近的蜥蜴，全世界約 3900 種，但台灣只有 32 種，僅佔 1%。相較之下，台灣蛇類的種類數明顯高於蜥蜴。類似的現象也發生在同是島嶼的斯里蘭卡，該島有 96 種蛇，卻只有 69 種蜥蜴。雖然還不甚清楚，但可能是因為蛇類的行動能力或跨越地理屏障的能力，都比蜥蜴強。當生物的播遷能力較差，又受限於地理屏障，而無法再繼續交流繁殖時，便容易種化為新品種。台灣的蜥蜴種類和中國大陸共有的比例約 50%，比蛇類的 80% 明顯較低；而且台灣蜥蜴的特有種比例為 40.6%，比蛇類的特有種比例 13.5% 高出許多，顯示台灣的蜥蜴被隔離的情況比蛇類嚴重。

脆弱的小島生態系

通常島的面積愈大，也愈容易讓較多的物種存活，此法則不只適用於島嶼，大陸亦是。但面積和種類數並不是成等比例的關係增加，它們的斜率通常小於一，也就是說面積增加一倍時，種類數並未增加到一倍，因此如果將種類數除以面積，則小島單位面積的種類數，一般比大島的值還大。不過，島嶼的地理氣候也會影響生物的種類數量。例如台灣平均每一萬平方公里有 14.5 種的蛇；而斯里蘭卡的面積約是台灣的兩倍，平均每一萬平方公里有 14.6 種的蛇，幾乎和台灣相同，也就是表示，台灣雖比斯里蘭卡小，但單位面積的蛇種並不如斯里蘭卡多。地理氣候正是造成此現象的主因，斯里蘭卡比台灣更接近熱帶，愈接近熱帶的地區，生物種類數愈多，尤其是冷血動物。

島嶼的面積愈小，能供養的種類數愈少，生態系也較脆弱，任何一個天災地變都可能毀掉島上的許多物種，所以當所有的條件都一樣時，島嶼上的生物種類數，會少於大陸上的相同生態系。又因為能量金字塔的關係，愈下層的生物量愈多，愈上層的掠食者則愈少，所以愈上層的掠食者，也愈易遭到滅種的厄運。人類在使用多年的殺蟲劑後，已經發現數量龐大的害蟲，易有抗藥性強的個體留下來，而害蟲的天敵數量較少，反而易因環境破壞而瀕臨滅絕。最慘的是，害蟲的天敵死光光，只剩下人類獨自面對頑強的害蟲，此時人類只好增加劑量撲殺害蟲，但也開始毒害自己。

同樣的道理，島嶼較不會有頂層的消費者，如老虎或獅子，因為牠們須在夠大的島才可能存活，就算有，數量一定少很多。一旦有任何環境變動，頂層的消費者最容易被淘汰；如果沒有新的遷移個體，島上自然再也看不到這些動物。蛇類雖不算頂層的消費者，但層級也不低，所以我們在野外要看到昆蟲遠比蛙類容易，而賞蛙又比找蛇容易，甚至老鼠也比蛇多。蛇類在島上比在大陸上更容易遭到滅種的噩運，整個生態系也較脆弱，我們如果不多費點心保育蛇類和生態環境，後代子孫恐怕不是擔心如何防蛇咬，而是煩惱如何遠離老鼠的騷擾和漢他病毒的威脅，甚至要花很大的力氣，才能呼吸到清爽的空氣或喝到乾淨的水。

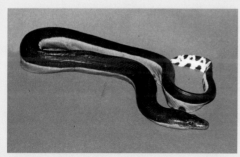

●黑背海蛇隨著洋流漂移，偶爾會出現在台灣海域。

●帶紋赤蛇是台灣的特有種蛇類。

如何使用本圖鑑

　　台灣的現生蛇類共有4科52種，為何本篇圖鑑只介紹48種呢？這是因為其餘的四種蛇類中，一種是自1916年命名發表後，便未再發現的大盲蛇；另三種則為棲息於海域的青環海蛇、黑頭海蛇和黑背海蛇，一般民眾難得遇見。因此本篇章收錄的種類雖不完全，但實際上對一般人卻綽綽有餘了。另外，本篇亦收錄了7種常見的外來種寵物蛇類，提供有興趣的讀者參考。

　　本篇章是為一般大眾所撰寫的入門圖鑑，因此並未依據物種的分類架構排序，而是採用「體紋辨識法」，意即將蛇的體紋分成體色一致、縱帶、環紋、斑紋四大類，再依序編排。「體紋辨識法」是本書自行研發的查索方法，考量到在野外與蛇相遇時，通常觀察的時間短暫，有時甚至一眼即過，因此使用圖鑑時，先篩檢蛇的體紋類型，縮小搜尋範圍，再確定蛇種，應不失為一簡易的辨識方法。倘若讀者想要進一步了解該種蛇類和其他蛇類的分類關係，則可查看附錄中的「台灣現生蛇類分類表」。當然，如果蛇類早已是讀者熟悉的老友，那麼大可直接從目錄查詢欲知的蛇種。

　　「體紋辨識法」依據蛇的體紋分成四大類，希望能夠幫助觀察者把握短暫的印象，迅速的查索蛇種。但是有些蛇類的體紋可以清楚區別，有些則不免產生模糊地帶。尤其「體色一致」這個類別出現的挑戰最多，例如唐水蛇鄰近腹側各有一條棕紅色或淺紅色縱帶，這兩條縱帶和橄欖色的身體，雖然形成鮮明的對比，可是因為接近腹側，在野外觀察時並不易見。又如茶斑蛇全身土黃，卻偶爾夾雜一些黑色小斑點。或是鐵線蛇的身體雖有8～10條的細縱紋，但極為隱蔽，必須細看才會發現。另外，有些蛇類身上的斑紋，分布並不一致，例如臭青公身體前段常有許多黑、白色的斑紋，但後段卻是一致的深棕色；或是錦蛇的身體前段具有黑斑，後段卻形成兩條黑色縱帶。

　　這些例子呈現了自然的多采多姿，卻也使得本圖鑑企圖簡化的查詢系統，面臨諸多的檢驗。考量野外實際的觀察情況後，「台灣蛇類現場」決定採用「成蛇體背前半部的體紋」，作為分類的根據。依此原則，前述的唐水蛇、茶斑蛇、鐵線蛇均歸入體色一致，而臭青公、錦蛇則屬於斑紋一類。

　　希望這個查詢方法，能讓你和蛇類的相識，加速前進！

格式說明

照片：
提供有助於辨識該種蛇類的照片2～4張，包括全身照和重要特徵之特寫。

學名：
Elaphe porphyracea nigrofasciata（Cantor, 1839）
　　1　　　　2　　　　3　　　4
1. 屬名
2. 種名
3. 亞種名。當分類學者發現分布在不同地區的同種生物，其形態上有固定而顯著的差異，但還不足以區分為不同的種類時，便在種之下增設亞種。其中，分布在最早的發現地區的亞種，稱為「指名亞種」，亞種名與種名相同，而其他地區的亞種則另立不同的亞種名。
4. 命名者與年代，有括號表示屬名曾經更改過。

科名

俗名：
常見的中文與英文俗名

中名

檢索書眉：
上層為體紋分類，包括縱帶、體色一致、斑紋和環紋。下層為該種蛇類的一小塊體紋。

主文：
描述該種蛇類的生態習性、辨識特徵或如何與相似種區別等。

特徵：
提供辨認此種蛇類最實用的線索

食性：
該種蛇類的食物內容

繁殖：
描述該種蛇類的生殖方式與時間、生產量、卵或仔蛇的長度和重量等。

棲地：
簡述該種蛇類的棲息環境

台灣特有種
台灣特有亞種
保育類或外來種

最大全長：
該種蛇類曾出現的最大全長紀錄

活動性：
該種蛇類主要的活動時間，包括日、夜、晨昏。

毒性：
包括無、弱、強。

體型：
分成五類，包括
巨大（＞500cm）
大（200～299cm）
中（100～199cm）
小（21～99cm）
微小（≦ 20cm）

攻擊性：
包括無、弱、中、強。

可見頻度：
表示在野外發現該種蛇類的頻率，包括極少見、少見、偶見、常見。

分布：
簡述該種蛇類在台灣及全世界的分布情形

附註：
補充該種蛇類的發現歷史、分類紀錄、學名之意或由來。

體紋查詢法

縱帶

金絲蛇
P.192

帶紋赤蛇
P.193

赤背松柏根
P.194

過山刀
P.195

體色一致

唐水蛇
P.196

水蛇
P.197

鐵線蛇
P.198

黑頭蛇
P.199

赤尾青竹絲
P.200

青蛇
P.201

灰腹綠錦蛇
P.202

宣蛇
P.203

台灣標蛇
P.204

標蛇
P.205

南蛇
P.206

細紋南蛇
P.207

福建頸斑蛇
P.208

茶斑蛇
P.209

斯文豪氏游蛇
P.210

梭德氏游蛇
P.211

斑紋

白腹游蛇
P.212

臭青公
P.213

花浪蛇
P.214

錦蛇
P.215

草花蛇
P.216

斑紋

史丹吉氏斜鱗蛇
P.217

台灣赤煉蛇
P.218

鎖蛇
P.219

擬龜殼花
P.220

龜殼花
P.221

菊池氏龜殼花
P.222

瑪家龜殼花
P.223

步蛇
P.224

高砂蛇
P.225

大頭蛇
P.226

台灣鈍頭蛇
P.227

球蟒
P.228

緬甸蟒
P.229

紅尾蚺
P.230

玉米蛇
P.231

紅斑蛇
P.232

赤腹游蛇
P.233

環紋

紅竹蛇
P.234

赤腹松柏根
P.235

白梅花蛇
P.236

雨傘節
P.237

環紋赤蛇
P.238

眼鏡蛇
P.239

伯布拉奶蛇
P.240

猩紅王蛇
P.241

加州王蛇
P.242

闊帶青斑海蛇
P.243

黑唇青斑海蛇
P.244

黃唇青斑海蛇
P.245

飯島氏海蛇
P.246

金絲蛇

成蛇

科名： 黃頜蛇科 Colubridae
學名： *Amphiesma miyajimae*
　　　（Maki, 1931）
俗名： 台北游蛇，台北腹鏈蛇

●台灣特有種，保育類

最大全長：60cm	體型：小
活動性：日	攻擊性：弱
毒性：無	可見頻度：極少見

●頭後及頸部有白斑

●背上有兩條橘色縱帶

　　第一眼看到金絲蛇，總會被牠背上兩條橘黃色或橘紅色的縱帶吸引，就像兩條金色的絲線貼在背上一樣。有些種類的美洲帶蛇身上也有類似的鮮豔細紋，但金絲蛇是唯一在背上有兩條鮮豔細紋的台灣蛇類。台灣的帶紋赤蛇背上雖也有兩條紅褐色的縱帶，但縱帶較寬，反而背中央的黑色細縱帶較為突顯。

特徵：兩眼後方近頸部各有一白色斑點。自眼後白斑向後至尾部，各有一條橘黃色或橘紅色縱帶，縱帶的寬度只有 1～2 列鱗片的寬度。體鱗 19 列，都有明顯的稜脊。上頜齒 20 枚，最後 2 枚牙齒明顯較長。

食性：以蛙類和蝌蚪為食。

繁殖：卵生。每窩約產卵 3 枚。卵細長形，長約 4cm，寬約 1cm。

棲地：山區較潮濕環境的地表。

分布：台灣北部 500～1000 公尺低中海拔的山區，如陽明山、石碇、北橫較常見，但也曾在溪頭發現。

附註：本種的模式標本是在 1928 年 5 月，由日本人宮島氏（Miyajima）在台北採獲，為了紀念他，便將其姓氏拉丁化後作為種名。

帶紋赤蛇

成蛇

科名：蝙蝠蛇科 Elapidae
學名：*Calliophis sauteri*
（Steindachner, 1913）
俗名：台灣麗紋蛇，
Taiwan coral snake,
Striped coral snake

●台灣特有種，保育類

最大全長：98cm	體型：小
活動性：夜	攻擊性：弱
毒性：強	可見頻度：極少

　　帶紋赤蛇最早是由德國人梭德（Hans Sauter）採於台灣，所以命名者 Steindachner 以其名做為種名。帶紋赤蛇全身呈黑色和褐色的縱帶相間，但有些個體的兩側黑色縱帶，會有二十餘處中斷的白色花紋，因此有些學者將這樣的個體列為另一亞種，甚至另一種，本書則將牠們視為同一種。

●頭後方有一白色環紋

特徵：頭頂黑褐色。頭後方有一白色環紋。頸部不明顯。從頸部向後有 3 條黑色縱帶，其間夾雜 2 條褐色縱帶。有些個體的兩側黑色縱帶，會有 20 餘處中斷的白色花紋。體鱗 13 列，少數個體 15 列。鱗片平滑無稜脊。

食性：以蜥蜴和小型蛇類為食。

繁殖：不詳。

棲地：山區林木底層、石縫、腐植堆。

分布：台灣全島 500～1500 公尺中低海拔地區。

附註：1905 年羽鳥重郎（Juro Hatori）和高橋精一（Seiichi Takahashi）在宜蘭採獲一標本，其兩側黑色縱帶有 20 餘處中斷的白色花紋，和已知的不同。1930 年高橋氏正式將此標本命名為新種——羽鳥氏帶紋赤蛇（*Calliophis hatori*）。1931 年牧茂市郎（Moichiro Maki）檢查另外一些標本時，發現牠們的毒牙後面有兩枚小牙，而且花紋和已知的帶紋赤蛇接近，所以將其改為羽鳥氏帶紋赤蛇亞種（*Hemibungarus sauteri hatori*），至於梭德採獲的則成為指名亞種（*Hemibungarus sauteri sauteri*）。但因樣品數不夠大，許多學者仍認為牠們是同一物種。1999 年時太田英利（Hidetoshi Ota）等人，在檢查 14 隻帶紋赤蛇及 8 隻羽鳥氏帶紋赤蛇後，甚至認為牠們應分屬於不同的兩個種，但是否如此，還要更多的證據才較確定。

赤背松柏根

成蛇

科名：黃頜蛇科 Colubridae
學名：*Oligodon formosanus*
（Günther, 1872）
俗名：台灣小頭蛇，花秤桿蛇，
Taiwan kukri snake,
Taiwan leopard snake

最大全長：95cm	體型：小
活動性：夜	攻擊性：中
毒性：無	可見頻度：偶見

●頭部後方有一黑褐色 V 形紋

●幼蛇

　　赤背松柏根專吃爬行動物的蛋！牠具有特化的上頜齒，可以快速地割破革質的蛋，再將頭伸入蛋殼內吃食。牠曾攝食蜥蜴、黑唇青斑海蛇和綠蠵龜的蛋，甚至也吃自己生的蛋。不過，牠的上頜齒碰上堅硬的鳥蛋就沒輒了，在實驗室內如果要餵牠吃鳥蛋，必須先將蛋殼弄破。

特徵：體型短小圓胖。頭小。頸部不明顯。成蛇背部有一磚紅色的縱帶，從頭部延伸至尾部，縱帶兩側常有一系列距離相當的黑褐色波浪斑紋，腹面褐白色。幼蛇背中央的磚紅色縱帶不明顯，腹部則呈磚紅色。頭部後方有一明顯的黑褐色的倒 V 形斑紋，其前方有時有另一個較不明顯的倒 V 形斑紋。吻鱗大片向上延伸，由頭頂可看到部分吻鱗。身體中段之前的體鱗 19 列。上頜後方的牙齒，特化成大而窄扁的形狀。

食性：以爬行動物的蛋為食。

繁殖：卵生。夏季產卵，每窩產卵 3～6 枚。剛出生的仔蛇約 13cm。

棲地：山區或開墾地的地表。

分布：台灣全島和蘭嶼 500 公尺以下低海拔地區。中國西南、中南部地區和越南也有分布。

過山刀

科名：黃頷蛇科 Colubridae
學名：*Zaocys dhumnades*
　　　（Cantor, 1842）
俗名：烏梢蛇，烏鳳蛇，黃風蛇，
　　　Big-eye rat snake

最大全長：220cm	體型：大
活動性：日	攻擊性：中
毒性：無	可見頻度：偶見

成蛇

●有一對發達的大眼睛（黃光瀛 攝）

●幼蛇

　　過山刀的動作極為迅速，其屬名 "*Zaocys*" 就是非常快速的意思。本屬是亞洲快速蛇類的代表，牠們和非洲至中亞的花條蛇屬（*Psammophis*）、美洲的鞭蛇屬（*Masticophis*）和澳洲的快速澳蛇屬（*Demansia*）都具有細長的身體和尾巴，並有一對發達的大眼睛，幫助尋找獵物，爬行時頭部也會上舉抬高，以利眼睛搜尋。過山刀和南蛇（P.206）一樣，將獵物用力頂在地面，或其他堅固的物體上，使其窒息而死。

特徵：身體細長。眼睛大。身體呈橄欖褐色，體背中央和兩側有黃褐色縱斑，狀似拉鏈，中央前段的縱斑較明顯。幼蛇或剛蛻皮後縱斑較明顯。體鱗為 14 或 16 列，而台灣其他蛇類的體鱗則幾乎都是奇數列。中央 2～6 列的鱗片，有明顯的稜脊。

食性：廣泛，包括魚、蛙、蜥蜴、蛇、鳥和鼠類等。

繁殖：卵生。春末至夏季產卵，每窩產 6～17 枚。卵長 3.6～4.5cm，寬 2～3cm。約 1 個月孵化。

棲地：山區或農墾地的地表。

分布：台灣全島 500 公尺以下低海拔地區較常見。中國西南和中南部地區也有分布。

唐水蛇

科名：黃頷蛇科 Colubridae
學名：*Enhydris chinensis*
（Gray, 1842）
俗名：中國水蛇，泥蛇，
Chinese rice paddy snake

最大全長：80cm	體型：小
活動性：晨昏、夜	攻擊性：中
毒性：弱	可見頻度：少見

成蛇

●體腹交接處呈棕紅色

●眼睛偏上，鼻孔位於吻部頂端

　　唐水蛇最早是在中國大陸採獲的，因此牠的中名、英文俗名和學名都很「中國」！唐水蛇和水蛇的特徵和習性頗為相似，不過只要看到體腹交接處，有一棕紅色的縱帶，那就是唐水蛇；水蛇體腹交接處雖可能有縱帶，但卻是黃色的。此外，唐水蛇常有大小不一的斑點，在體背和體側排成三條縱帶；而水蛇的體色則一致。

特徵：體型粗短。身體呈橄欖棕色，兩側第 1、2 列鱗片呈棕紅色或淡紅色。頭扁平。鼻孔位於吻部頂端。眼睛小，偏頭部上方。上頜齒 10～16 枚，最後 2 枚為較大的後溝牙。體鱗中段以前 21～23 列，後段 19～21 列。

食性：以魚類和兩棲類為主食。

繁殖：胎生。5、6 月雌蛇腹內開始有胚胎，至 8、9 月生產。每窩產 3～21 條仔蛇。

棲地：水塘、水田或排水溝渠。

分布：台灣全島及金門 500 公尺以下低海拔地區。中國中南部地區及越南北部也有分布。

附註：唐水蛇最早是由雷姆（John J. Reeve）採獲，葛雷（John Gray）在 1842 年鑑定發表。"Enhydris" 屬的蛇類全世界共有 16 種，分布在中國中南部、東南亞、澳洲北部和印度，大多在水域活動，所以其屬名是由希臘文 "enhyudris" 而來，為「生活在水中」之意。

科名：黃頜蛇科 Colubridae
學名：*Enhydris plumbea*
（Boie, 1827）
俗名：鉛色水蛇, 水泡蛇,
Common rice paddy snake

最大全長：72cm	體型：小
活動性：晨昏、夜	攻擊性：中
毒性：弱	可見頻度：少見

●成蛇

●幼蛇

●鱗片外緣顏色較深，幼蛇

　從前的水田裡或附近的水塘、溝渠，總是不難發現粗短的水蛇，如今水域污染嚴重，已不常見，不過數量較唐水蛇稍多。通常牠一看到人，就會快速逃離或鑽入水裡。如果全身呈一致的橄欖色或鉛灰色，沒有獨特的花紋，再配合短小的身體，八九不離十是水蛇無誤。細看時，會發現牠的眼睛和鼻孔已傾向於頂端的位置。被捕捉或逼到角落時會反擊，牠具有後溝牙和微弱的毒性。

特徵：體型短小，尾短。成蛇體色常呈一致的鉛灰色或橄欖色，幼蛇的體腹交接處則有黃色縱帶。鱗片外緣顏色較深，所以身體看起來似有網紋。身體中段體鱗 19 列。具有後溝牙。鼻孔上位有瓣膜，眼睛也上移至頭頂。

食性：以魚類和兩棲類為主食。

繁殖：胎生。春末至夏季生產，每窩產 2～19 條仔蛇。仔蛇全長約 12cm。

棲地：水塘、水田或排水溝渠。

分布：台灣全島 500 公尺以下低海拔地區。中國的西南和中南部地區、印度及東南亞各國都有分布。

附註：本種體色常呈一致的鉛灰色，所以用具有鉛灰色涵意的 *"plumbea"* 為其種名。

鐵線蛇

科名：	黃頷蛇科 Colubridae
學名：	*Calamaria pavimentata* Duméril, Bibron, and Duméril, 1854
俗名：	尖尾兩頭蛇，Collared reed snake

最大全長：40cm	體型：小
活動性：日	攻擊性：弱
毒性：無	可見頻度：少見

●頭小眼睛小

●尾部短且驟縮呈尖剌狀

　　鐵線蛇是穴居蛇類，隱密性高，不易發現。穴居蛇類的脖子，大多不明顯，鐵線蛇也沒有明顯的脖子，乍看之下就像一段鏽黃的粗鐵線。也因為穴居的關係，眼睛小不發達。牠的尾部很短，尾端驟縮呈角質化尖剌狀。

特徵：頭小頸部不明顯，眼睛小。頸部有米黃色的小橫紋，但此橫紋可能中斷或完全消失。身體呈紅棕色或棕黑色，在陽光下具有金屬光澤。有8～10條隱約可見的細縱紋。尾部很短，尾端驟縮呈角質化尖剌狀。體鱗只有13列。額鱗的長度大於寬度。

食性：以小型無脊椎動物，如昆蟲和蚯蚓為食。

繁殖：不詳。

棲地：林木底層的落葉或枯木堆裡。

分布：台灣全島和蘭嶼中低海拔地區。中國西南、印度東北邊、東南亞、日本的琉球群島亦有分布。

附註：鐵線蛇和傳說孫叔敖打的兩頭蛇，也就是棲息於大陸中南部及越南的鈍尾兩頭蛇（*C. septentrionalis*）很相近。兩者的頸部都有斑紋，許多鱗片特徵也相似，但鈍尾兩頭蛇的尾巴鈍圓，且具有和頭頸部相似的斑紋，看起來就像前後各有一個頭。另外牠的額鱗長寬相等，與鐵線蛇有別。

黑頭蛇

成蛇（王緒昂 攝）

科名： 黃頷蛇科 Colubridae
學名： *Sibynophis chinensis chinensis*（Günther, 1889）
俗名： 黑頭劍蛇，
　　　Asiatic many-toothed snake

最大全長：72cm	體型：小
活動性：日	攻擊性：弱
毒性：無	可見頻度：少見

　　黑頭蛇的頭其實不頂黑，反而是頸部的橫斑較為黝黑，而且緊連著一條白色細紋，再搭配茶褐的體色，視覺效果突出。本屬蛇類的牙齒細小均勻數量多，左右兩側的上頷齒各有 25～56 枚，且與上頷骨連接的基部，形成劍形的銳利切緣，因此大陸稱本屬蛇類為「劍蛇」，其屬名 "*Sibynophis*" 便是劍蛇之意。

●頸部有一粗黑橫斑（鄭陳崇 攝）

特徵： 身體細長。體色黃褐。頭頂灰黑色。頸部有一明顯黑橫斑，其後有一白色的細橫紋。上唇至頭頸部有一黃白色的細縱紋。身體前段的背中央有細黑縱紋，有些個體腹側有白色點狀縱紋。體鱗 17 列，平滑沒有稜脊。

食性： 以蛙類、蜥蜴和其他蛇類為食。

繁殖： 卵生。夏季產卵，每窩產卵 2～6 枚。卵長 3～3.7cm，寬 1.3～1.5cm。

棲地： 山區林地或開墾地的底層。

分布： 台灣全島 500～1500 公尺的低中海拔地區較常見。中國東南部地區和越南北部。

附註： 黑頭蛇的模式標本採於中國湖北省宜章縣，1889 年由英國人貢德斯（Albert Günther）鑑定發表。1931 年日本人牧茂市郎依據腹鱗數較少的特徵，將其列為台灣特有亞種，以別於大陸亞種。但趙爾密檢查了大陸各地的黑頭蛇後，認為台灣黑頭蛇的差異尚未達到亞種的標準，反而大陸雲貴高原和四川西南的族群有較大的差異，所以將台灣和大陸東部的黑頭蛇定為黑頭蛇指名亞種，其種名和亞種名因此同為 "*chinensis*"，而大陸雲貴高原和四川西南的黑頭蛇，則分別為另兩個亞種。

赤尾青竹絲

成蛇，♀

科名：蝮蛇科 Viperidae
學名：*Trimeresurus stejnegeri*
　　　 stejnegeri Schmidt, 1925
俗名：赤尾鮐，竹葉青，
　　　 青竹蛇，焦尾巴，
　　　 Chinese green tree viper,
　　　 Green bamboo viper

最大全長：90cm	體型：小
活動性：夜	攻擊性：強
毒性：強	可見頻度：常見

●成蛇，♂

●瞳孔垂直，有頰窩

　　赤尾青竹絲的兩性體色有明顯差異，是蛇類之中較少見的現象，因此過去曾被誤分為兩個亞種。赤尾青竹絲和青蛇、灰腹綠錦蛇的體色皆為綠色，不過牠的體型最嬌小。因為樹棲的習性，赤尾青竹絲是體型較小的蝮蛇科蛇類，體型小有利於使用較廣泛的棲枝環境。

特徵：頭呈三角形。眼紅色，瞳孔垂直。全身翠綠，尾巴後段磚紅色。多數的雌蛇在身體和腹部交接處，有一條白色的細縱線。多數的雄蛇除了有此白色的細縱線外，其下緊接一條紅色的細縱線。極少數的個體側線消失不見。有頰窩。頭部都是小鱗片。

食性：以蛙、蜥蜴、鳥和小型哺乳類為食。

繁殖：胎生。夏季生產，每窩產 2～15 條仔蛇。仔蛇全長約 26cm。約 1 年可達性成熟。

棲地：山區或開墾地附近溪溝水塘邊的棲枝上。

分布：台灣全島和蘭嶼 1500 公尺以下中低海拔地區。從中國西南、中南部地區以及吉林省東南邊、長白山、印度東北邊、緬甸、泰國至越南都有分布。

附註：1931 年牧茂市郎誤將赤尾青竹絲的雌雄蛇歸為不同亞種，並將少數身體側線消失的個體命名為另一個亞種。1935 年美國人包博（Clifford H. Pope）認為此三亞種應皆屬於同一亞種，1962 年毛壽先從 116 條赤尾青竹絲和一隻沒有側線的標本，確認了包博的看法。

科名：黃頷蛇科 Colubridae
學名：*Cyclophiops major*
（Günther, 1858）
俗名：青竹絲，翠青蛇，
Smooth green snake

最大全長：130cm	體型：中
活動性：日	攻擊性：弱
毒性：無	可見頻度：常見

成蛇

●全身翠綠，腹面黃

●瞳孔圓形（捕食蚯蚓）

　　一身翠綠，鱗片光滑，性情溫馴而有一點神經質，是青蛇給人的印象，不過，有少數個體的攻擊性較強。在台灣的蛇類中，只有青蛇是全身翠綠，沒有任何雜斑。青蛇常被誤認為有毒的赤尾青竹絲，或數量不多的灰腹綠錦蛇，其實牠們很容易區分。頭部呈三角形且眼睛和尾端紅色的一定是赤尾青竹絲，其餘兩者則可依據眼睛後方有一黑色縱帶和淡黃色的上唇鱗片來區分，具有這些特徵的是灰腹綠錦蛇，而青蛇在這些部位都還是一致的翠綠色，只有腹面才是一致的黃綠色或黃白色。

特徵：頭橢圓形。身體背側面呈翠綠色，沒有斑紋。腹面為一致的黃綠色或黃白色。瞳孔圓形。體鱗 15 列，大多平滑沒有稜脊，只有一些雄性個體，在身體後方中央的 5 列鱗片，可能具有弱稜脊。

食性：以蚯蚓或昆蟲的幼蟲為食。

繁殖：卵生。夏季產卵，每窩可產卵 4～13 枚。卵長約 3cm，寬約 1.5cm。約 2 個月孵化，剛孵化的仔蛇全長約 26cm，重約 3.6g。

棲地：農耕區或較陰濕的樹林內。

分布：台灣全島 500 公尺以下的低海拔地區較常見。中國中南部、北越也有分布。

灰腹綠錦蛇

科名： 黃頷蛇科 Colubridae
學名： *Elaphe frenata*
　　　（Gray, 1853）
俗名： Gray-belly green rat snake

最大全長：150cm	體型：中
活動性：日	攻擊性：中
毒性：無	可見頻度：極少見

成蛇

●腹鱗的兩側稜脊分明

●腹面

●眼後有一黑色縱帶

　　灰腹綠錦蛇在台灣的數量很稀少，1996 年才首次發現，目前僅在東南部有零星的發現紀錄。牠是樹棲蛇類，因此身體左右略為側扁，尾巴的比例亦較大，而且尾巴的纏繞性很強，被捕捉時會快速的將尾巴纏在手上。牠的體鱗大多有弱稜脊，看起來不像青蛇那麼平滑光澤。

特徵：身體背側面呈翠綠色，唇部和腹面淡黃色。吻尖。眼後至頸部有一條黑色縱帶。幼蛇體色棕褐，頭背及頸部有縱紋，隨著成長，縱紋逐漸消失，只剩過眼黑縱帶，年紀再大時，過眼黑縱帶也跟著消失。身體左右側扁。尾部較長，幾乎佔全長的三分之一。體鱗 17～19 列，除最外側的 1～3 列之外，都有弱稜脊。腹鱗兩側具稜脊，一直延伸到尾巴。

食性：以蛙類、蜥蜴、鳥類和鼠類為食。

繁殖：卵生。夏季產卵，每窩約產卵 5 枚。卵長約 4.5cm，寬約 1.7cm。

棲地：樹林或竹林內。

分布：台灣東南 1120 公尺以下之中低海拔地區。在中國南方、印度和北越都有分布。

附註：1996 年才首次在屏東里龍山發現，隨後陸續在台東金峰鄉、屏東大漢山、台東泰源和卑南鄉，以及花蓮卓溪發現。屬名 "*Elaphe*" 來自希臘文 "*elaphos*"，為「鹿角」之意，命名者 Fitzinger 沒有說明使用此字的原因，但本屬的模式種——四線鼠蛇（*Elaphe quatuorlineata sauromates*）的頭部有像鹿角的黑色斑紋，可能是屬名的由來。

成蛇（鄭陳崇 攝）

科名：盲蛇科 Typhlopidae
學名：*Ramphotyphlops braminus*
　　　（Daudin, 1803）
俗名：鈎盲蛇，花盆蛇，
　　　Common blind snake,
　　　Brahminy blind snake

最大全長：20cm	體型：微小
活動性：夜	攻擊性：無
毒性：無	可見頻度：偶見

●腹鱗小

●眼睛退化

●尾端呈尖刺狀

　　盲蛇是台灣蛇類中體型最嬌小的種類，因常躲藏在一小堆泥土或盆栽的根系裡，所以又稱花盆蛇。盲蛇以孤雌生殖的方式繁殖，只要有一隻個體擴散出去，就能在他鄉建立族群，加上常隨人類旅行或遷移而擴散，因此是分布最廣泛的蛇種，除了南極大陸，各大陸塊和許多海島都有牠的蹤跡。盲蛇乍看似蚯蚓，其實兩者明顯不同，像是盲蛇全身乾爽，反光來自鱗片，以蜿蜒爬行的方式運動；而蚯蚓全身具環節無鱗片，皮膚因潮溼而反光，並以毛毛蟲式爬行。

特徵：全身呈黑色或黑褐色，蛻皮前會變成藍白色。尾短且尾端驟縮呈角質化尖刺狀。眼睛退化，只剩下隱藏在鱗片下的感光眼點。全身被覆大小相似的圓鱗。體鱗 20 列。

食性：以白蟻、螞蟻或其他小型無脊椎動物為食。

繁殖：卵生，行孤雌生殖。卵長約 2cm，寬約 0.5cm。剛孵化的仔蛇全長約 6cm。雌蛇全長 10cm 時達性成熟。

棲地：平日多藏於石頭下或泥土裡，偶爾會主動爬出地表活動。

分布：台灣全島、金門、澎湖、蘭嶼海拔 500 公尺以下的地區都有分布。也見於大陸中南部、東南亞地區、印度、中東、澳洲和東非，並已經人為引入中美洲、佛羅里達和夏威夷。

附註：相似種為大盲蛇（*Typhlops koshunensis* Oshima, 1916），又稱恆春盲蛇，因模式標本採於恆春。大盲蛇在 1916 年由日本人大島正滿（Masamitsu Oshima）命名發表後，便未再發現過。牠有22～23列的體鱗，全長可達31cm；而盲蛇的體鱗只有20列，且全長在20cm以內。

台灣標蛇

成蛇（李文傑 攝）

科名：黃頷蛇科 Colubridae
學名：*Achalinus formosanus*
　　　formosanus Boulenger, 1908
俗名：台灣脊蛇

●台灣特有亞種

最大全長：90cm	體型：小
活動性：夜	攻擊性：弱
毒性：無	可見頻度：極少見

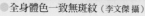

●全身體色一致無斑紋（李文傑 攝）

●前段鱗片有稜脊（李文傑 攝）

　　台灣標蛇棲息於台灣中南部一千公尺以上的山區底層，因此在那兒翻動石塊腐木時，很可能會發現牠——一隻黝黑的小蛇，頭部有點尖，脖子不明顯，眼睛小小的，鱗片在陽光下會反射出金屬的光澤。牠被發現後，常會先愣住一下，然後只顧著鑽離現場，幾乎沒有攻擊的行為。

特徵：全身體色一致無斑紋，幼蛇多呈黑色，成蛇則常呈橄欖色。體鱗於陽光照射下具有金屬光澤。體鱗27列，前段鱗片有稜脊。緊鄰尾下鱗的第一列尾鱗，不會明顯大於第二列尾鱗。

食性：以蚯蚓、蛞蝓為食，可能也會捕食蛙類。

繁殖：卵生。

棲地：森林底層、落葉或腐木下等陰濕的環境。

分布：台灣中南部1000～2000公尺中海拔山區，如南投、杉林溪、合歡山、嘉義奮起湖、阿里山、高雄縣出雲山林道和屏東大漢山等地。

附註：1908年大英博物館的包林格（George A. Boulenger），將一隻採自台灣中部山區的蛇命名為台灣標蛇。太田英利和Toyama則在琉球群島發現了與台灣標蛇相似的種類，並在1989年發表台灣標蛇琉球亞種（*Achalinus formosanus chigirai*），因此台灣標蛇成為指名亞種，其亞種名和種名相同。

科名：黃頷蛇科 Colubridae
學名：*Achalinus niger*
　　　Maki, 1931
俗名：阿里山脊蛇

●台灣特有種，保育類

最大全長：80cm	體型：小
活動性：夜	攻擊性：弱
毒性：無	可見頻度：少見

成蛇（鄭陳崇 攝）

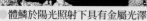
●體鱗於陽光照射下具有金屬光澤

●緊鄰尾下鱗 ① 的第一列尾鱗 ② 明顯大於第二列 ③

　　標蛇和台灣標蛇有如孿生姊妹，不僅外形相似，而且食性、棲地等都相同。不過仔細觀察鱗片，還是可以區分兩者。標蛇全身鱗片無稜脊，身體中段只有25 列鱗片；而台灣標蛇的前段鱗片有稜脊，體鱗 27 列。此外，標蛇尾部兩側的第一列尾鱗明顯大於第二列尾鱗；但台灣標蛇的第一列尾鱗並不會比其他尾鱗大。

特徵：體色黑褐。體鱗於陽光照射下具有金屬光澤。體鱗光滑無稜脊，身體中段體鱗 25 列，緊鄰尾下鱗的第一列尾鱗，明顯大於第二列尾鱗。

食性：以蚯蚓、蛞蝓為食，可能也會捕食蛙類。

繁殖：卵生。春季產卵，每窩約產卵 7 枚。卵細長形，長約 2cm，寬約 1cm。

棲地：森林底層、落葉或腐木下等陰濕的環境。

分布：台灣全島 2000 公尺以上高海拔山區。

附註：標蛇最早的標本是在 1925 年 6 月，由日本人牧茂市郎採獲。因其體色黝黑，所以牧茂市郎用有黑色之意的 "*niger*" 做為種名。

南蛇

成蛇（王緒昂 攝）

科名：黃頷蛇科 Colubridae
學名：*Ptyas mucosus*
　　　（Linnaeus, 1758）
俗名：華鼠蛇, 華錦蛇, 水南蛇,
　　　Dhaman rat snake

最大全長：260cm	體型：大
活動性：日	攻擊性：強
毒性：無	可見頻度：偶見

●幼蛇（王緒昂 攝）

●唇鱗的後緣黑色

　　南蛇是台灣原生蛇類中體型最大者。牠的攻擊性很強，被激怒時會發出嘶嘶聲並昂頭鼓頸，不過牠不具有毒液，對人並無威脅性。南蛇的行動迅速，咬住獵物後不會使用身體纏繞絞死的方式，而是將獵物用力頂在地面，或其他堅固的物體上，使其窒息而死。

特徵：體型細長。眼睛大。全身呈橄欖或黑褐色，雜有黑色或白色小斑點。身體後段至尾巴，有隱約可見的細波浪黑紋，幼蛇尤其明顯。唇鱗和喉部鱗片淡灰色，但後緣黑色，腹鱗後緣也呈黑色，尤其在前段、後段和尾部更明顯。身體中段以前的體鱗為 17～19 列。

棲地：山區底層、開墾地和住家附近，尤其常在近水的地方活動。

食性：廣泛，包括蛙、蟾蜍、蜥蜴、蛇、鳥和鼠類及小型哺乳類等。

繁殖：卵生。春末夏初交配，夏季秋初產卵，每窩產 6～15 枚。卵長 4～5cm，寬 2.5～4cm。2 個月左右孵化。剛孵化的仔蛇全長 36～41cm。

分布：台灣全島、金門及馬祖 1000 公尺以下中低海拔地區。中國西南和中南部地區、印度東部及東南亞亦有分布。

細紋南蛇

成蛇（黃光瀛 攝）

科名： 黃頜蛇科 Colubridae
學名： *Ptyas korros*
（Schlegel, 1837）
俗名： 灰鼠蛇，黃梢蛇，過樹龍，
Indo-Chinese rat snake

最大全長：200cm	體型：大
活動性：日、夜	攻擊性：強
毒性：無	可見頻度：少見

●全身呈橄欖棕色（Gernot Vogel 攝）

●上唇鱗無黑緣（Gernot Vogel 攝）

　　細紋南蛇能在樹梢爬行，有時盤在樹枝上，所以有「過樹龍」之稱。牠具備樹棲蛇類的標準體態──身體細長，全身呈橄欖棕色。牠的眼睛大，動作迅速，攻擊性亦強。細紋南蛇和同屬的南蛇頗為相像，最關鍵的區別在於，前者的唇鱗和喉鱗無黑緣。

特徵：全身呈橄欖棕色，腹面黃白色。身體前段的體鱗 15 列。鱗片光滑，身體各個鱗片邊緣的顏色較內側黑。尾部細長。幼蛇在頸後至身體前段，有淺色的細橫紋 30 餘條。

食性：以蛙、蜥蜴、蛇、鳥和小型哺乳類為食。

繁殖：卵生。5～6 月產卵，每窩產卵 8～12 枚。孵化期約 50 天。仔蛇全長約 26cm。

棲地：山區、開墾地和住家附近的地表或林木上。

分布：主要分布在台灣全島 1000 公尺以下中低海拔地區。中國西南和中南部地區、印度東部及東南亞也有分布。

福建頸斑蛇

成蛇

科名： 黃頷蛇科 Colubridae
學名： *Plagiopholis styani*
　　　（Boulenger, 1899）
俗名： 頸斑蛇

最大全長：37cm	體型：小
活動性：夜	攻擊性：弱
毒性：無	可見頻度：極少見

●上唇鱗前 5 片具黑緣

●全身呈橄欖灰色

　　福建頸斑蛇是台灣蛇類的新進成員，1999 年才發表的新紀錄種，目前僅於陽明山採獲，數量稀少。牠的體型小，在台灣蛇類中僅大於盲蛇，性情隱蔽，經常棲息於樹林底層。身體大致呈橄欖灰色，間雜一些不明顯的小黑斑，頸部的黑色橫斑和具黑緣的上唇鱗是較明顯的特徵。

特徵：全身呈橄欖灰色，有黑色的小雜斑。頭細小。頸部不明顯，其上有一黑色橫帶。上唇鱗 6 片，白色，其中前 5 片具黑緣。體鱗 15 列。

食性：以蚯蚓和節肢動物為食。

繁殖：卵生。夏季產卵，每窩可產 5～11 枚。卵長 1.6～1.9cm，寬 0.6～1.1cm。

棲地：山區林木底層。

分布：陽明山。中國則廣泛分布於西南、西北和中南部地區。

附註：本種蛇在 1996 年 8 月才首度由王緒昂在陽明山採獲，隨後至 1998 年在陽明山共採得 5 隻標本，並發現台大動物系收藏的標本內也有一隻福建頸斑蛇，但被誤鑑定為斯文豪氏游蛇，可惜其採集的年代、地點都不詳。1999 年，黃光瀛、毛俊傑和王緒昂，便依據這 6 隻標本，發表其為台灣新紀錄種。

科名： 黃頷蛇科 Colubridae
學名： *Psammodynastes pulveru-entus*（Boie, 1827）
俗名： 紫沙蛇, 茶斑大頭蛇, 褐山蛇, Mock viper

最大全長：65cm	體型：小
活動性：日、夜	攻擊性：強
毒性：弱	可見頻度：偶見

成蛇

●頭部略呈三角形　　　　　　　●體色土棕，散雜一些小黑斑（黃光瀛 攝）

　茶斑蛇眼眶上突出的稜脊，讓牠的眼睛看起來像猛禽的眼睛，兇狠而有神。略呈三角形的頭和強烈的攻擊性，更容易讓人誤以為牠是蝮蛇類的毒蛇，所以才有「偽蝮蛇」（Mock viper）的英文俗名。牠具有後溝牙，但毒性不強，還沒有傷人的紀錄。不過，曾有一隻紅脖頸槽蛇，被牠咬噬後 16 分鐘就死亡，茶斑蛇的毒液可能對冷血動物有較強的毒性。

特徵：全身土棕色，散雜一些黑色小斑點。頭部略呈三角形。頭頂常有黑褐色 Y 形斑紋。眼睛上方有明顯的稜脊突起。身體中段之前的體鱗為 17 列。上頷齒 11 枚，最後一枚增大為溝牙。

食性：以青蛙和蜥蜴為主要食物，偶爾也吃其他小蛇。

繁殖：胎生。每次產 3～10 隻仔蛇。

棲地：山區雜木林或農墾地附近的底層。

分布：台灣全島及蘭嶼 500 公尺以下低海拔地區較常見。中國的西南和中南部地區、印度東部、尼泊爾及東南亞各國亦有分布。

斯文豪氏游蛇

成蛇

科名：黃頷蛇科 Colubridae
學名：*Rhabdophis swinhonis*
　　　（Günther, 1868）
俗名：台灣頸槽蛇，台灣游蛇

●台灣特有種，保育類

最大全長：70cm	體型：小
活動性：日	攻擊性：弱
毒性：無	可見頻度：少見

●眼睛斜下方和嘴角上方各有一黑斑

●全身體色一致

　　斯文豪氏游蛇是台灣的四種游蛇中，體型較小的一種。牠的性情溫馴，受刺激時頸部呈上下扁平。本屬頸背處常有縱溝和腺體，所以大陸稱本屬蛇類為「頸槽蛇」，不過斯文豪氏游蛇的頸部雖有溝槽，卻無腺體。

特徵：身體棕褐色，散雜黑色、土黃色的小斑點。頸部有一寬而明顯的黑斑，有時略呈 V 形。眼睛斜下方和嘴角上方各有一黑色斑塊。頸部有溝槽，但無腺體。體鱗 15 列，都具有明顯的稜脊。最後兩枚上頷齒較大，並向後彎曲，與前方的齒列間常有一齒間隙。

食性：以蛙類為主食。

繁殖：卵生。

棲地：森林底層、草叢和較為潮濕的環境。

分布：台灣全島 500～1000 公尺中低海拔地區。

附註：本種的模式標本，是由英國人斯文豪（Robert Swinhoe）在高雄甲仙採獲。貢德斯為了紀念他，在 1968 年將斯文豪的英文姓氏拉丁化後，做為本種的種名。本屬（*Rhabdophis*）原屬於游蛇屬（*Natrix*），在 1960 年 E. D. Malnate 才依據本屬共有的半陰莖形態、鱗片和齒式等特徵，將其分離出來。

梭德氏游蛇

科名：黃頷蛇科 Colubridae
學名：*Amphiesma sauteri sauteri*（Boulenger, 1909）
俗名：棕黑游蛇，棕黑腹鏈蛇，
　　　梭德氏腹鏈蛇，
　　　Sauter's water snake

最大全長：76cm	體型：小
活動性：日、夜	攻擊性：弱
毒性：無	可見頻度：少見

成蛇

●上唇鱗具黑邊（黃光瀛 攝）　　　　●腹鱗兩側各有一條點狀細斑

　　梭德氏游蛇的體色棕黑，乍看不甚起眼。不過，牠的頸部有一 V 形白紋，且上唇鱗有黑緣，不難辨識。此外，牠的腹鱗兩側，各有一條點狀細斑，由頸部延伸至尾部，形成鏈狀花紋，所以大陸稱本屬的蛇為「腹鏈蛇」。

特徵：體色棕黑。腹部淡白色或淡黃色，腹鱗兩側各有一條點狀細斑。上唇鱗片呈白色而有黑邊，並向後延伸至頸部，和另一側來的白色紋呈 V 形斑紋。體鱗 17 列。

食性：捕食蚯蚓、蛞蝓、蝌蚪和青蛙。

繁殖：卵生。每窩約產卵 5 枚。卵長約 2.5cm，寬約 7.5cm。

棲地：山區較潮濕的環境或水塘溪流邊。

分布：台灣全島 1000 公尺以下中低海拔地區。中國南部地區也有分布。

附註：梭德氏游蛇的模式標本，由德人梭德採於高雄甲仙。大英博物館的包林格為了紀念他，將其姓氏拉丁化後，放在此蛇的種名內。本屬（*Amphiesma*）原屬於游蛇屬（*Natrix*），在 1960 年 E. D. Malnate 才依據本屬共有的半陰莖形態、齒式、鱗片和花紋等特徵，將其分離出來。1962 年在大陸四川和越南三島山，又分別發表兩個亞種後，台灣的梭德氏游蛇便成為指名亞種，亞種名也是 "*sauteri*"。

白腹游蛇

成蛇

科名： 黃頷蛇科 Colubridae
學名： *Sinonatrix percarinata suriki*（Maki, 1931）
俗名： 華游蛇, 烏游蛇, Asiatic white-belly water snake

●台灣特有亞種

最大全長：100cm	體型：中
活動性：日、夜	攻擊性：強
毒性：無	可見頻度：偶見

白腹游蛇因為攻擊性很強，當地的原住民稱其為 "*suriki*"。1928 年日人牧茂市郎在屏東瑪家鄉採獲此蛇後，便依據當地的稱呼命名，列為不同於赤腹游蛇的新種。腹部灰白，具有黑色斑紋，是白腹游蛇較為明顯的特徵。

●腹面

特徵： 全身棕黑色。幼蛇或剛蛻皮後的成蛇，身體的斑紋較為明顯。上下唇鱗後緣有黑斑。腹部灰白色，有黑褐色的大型斑紋交錯排列，或相連成一條橫帶。身體中段以前的體鱗 19 列。除了兩側第一列的鱗片之外，都具有明顯的稜脊。

食性： 以蝦、蝌蚪、蛙類和魚類為食。

繁殖： 卵生。夏季產卵，每窩產卵 4～25 枚。有護卵行為。剛孵化的仔蛇全長 17cm。

棲地： 溪流湖泊，尤其是乾淨的水域。

分布： 台灣全島 500～1000 公尺中低海拔地區。

附註： 毛壽先在 1965 年比對標本後，認為牠和大陸的華游蛇為同種，但不同亞種；趙爾密也持相同的看法。華游蛇（*Sinonatrix percarinata*）早於 1899 年就在廣東採獲，由包林格發表，所以棲息於大陸的成為指名亞種 *Sinonatrix percarinata percarinata*（Boulenger, 1899），而棲息於台灣的為另一亞種，"*suriki*" 也由種名的位置移到亞種名的位置。

臭青公

科名：黃頷蛇科 Colubridae
學名：*Elaphe carinata*
　　　（Günther, 1864）
俗名：王錦蛇，臭青母，
　　　臭黃蟒，稜鱗錦蛇，
　　　Stink rat snake,
　　　King rat snake

最大全長：240cm	體型：大
活動性：日、夜	攻擊性：強
毒性：無	可見頻度：常見

成蛇

●吻端上方呈「王」字紋

●幼蛇

　　從牠的中、英文名，就可知道這是一種非常臭的蛇類。臭青公的肛門腺極為發達，被捉時會發出強烈的惡臭，需清洗好幾天，才能去除被沾到的臭味。臭青公長得粗壯，攻擊性很強，隨時準備反擊侵犯牠的動物，牠還會捕食其他的蛇類，曾有捕食百步蛇的紀錄。臭青公的頭頂上經常呈現「王」的圖樣，所以又有「王錦蛇」之稱。與牠接觸過後，保證你難以忘記這又臭又兇的蛇王。

特徵：成蛇體色棕褐，身體前段常有許多黑、白色的斑紋。幼蛇全身呈淺棕色，有黑色或深棕色的小斑點散雜其間。頭頸部的鱗片大型，相接處有明顯的黑色邊緣。吻端至眼睛前緣的上方常呈「王」字紋。除了最外緣的 1、2 列鱗片平滑之外，全身鱗片都具有強稜脊。

食性：廣泛，主要以鼠類、鳥類、鳥蛋或蛙類為食，也曾以蝗蟲、金龜子、蜥蜴或其他蛇類為食。食物缺乏時，也有捕食自己幼蛇的紀錄。

繁殖：卵生。春天交配夏季產卵，每窩產卵 8～14 枚。卵長約 5cm，寬約 3cm。經 1～1.5 個月孵化，有護卵行為。

棲地：雜木林或農墾地的地表，常侵入農舍。

分布：台灣全島、馬祖及蘭嶼中低海拔地區。中國中南部、北越以及琉球群島。

附註：種名中的 “*Carina*”，為「鱗片稜起」的意思，“*ata*” 則為「具有」之意。

花浪蛇

科名：黃頷蛇科 Colubridae
學名：*Amphiesma stolata*
　　　（Linnaeus, 1758）
俗名：土地公蛇, 草花蛇, 草游蛇,
　　　黃帶水蛇, 草腹鏈蛇,
　　　Flower-waved snake,
　　　Striped keelback

最大全長：90cm	體型：小
活動性：日	攻擊性：弱
毒性：無	可見頻度：偶見

成蛇

●黑橫帶和黃縱帶交錯如浪花　　　　　　●身體後段黃色縱帶較明顯

　　花浪蛇蛇如其名，縱橫交錯的花紋讓人看了眼花撩亂。牠曾是水田附近常見的蛇種之一，但在大量使用農藥，導致田裡的蛙類所剩不多後，近年數量已大幅銳減。民間傳說花浪蛇是土地公的兒子，因此有「土地公蛇」的俗稱。

特徵：身體前半部的黑色橫帶，跨越兩側的黃色縱帶而成鐵軌狀，且在黑色橫帶和黃色縱帶交會處，會有明顯的米黃色斑點。身體後段的黑色橫帶漸不明顯，兩條黃色縱帶則更為明顯。全身體鱗 17 列。

食性：以蛙、魚等水域生物為主食，並有吃蚯蚓和壁虎的紀錄。

繁殖：卵生。春末產卵，每窩可產 4～16 枚。卵長約 2.5cm，寬約 1cm。

棲地：山區、丘陵、農墾地的地表。

分布：台灣全島、馬祖和蘭嶼 500 公尺以下低海拔地區。中國南部地區、巴基斯坦、斯里蘭卡，以及中南半島均有分布。

科名：黃頷蛇科 Colubridae
學名：*Elaphe taeniura*
　　　Cope, 1861
俗名：黑眉錦蛇，黃長虫，家蛇，
　　　Striped-tailed rat snake,
　　　Striped racer, Beauty snake

●保育類

最大全長：250cm	體型：大
活動性：日、夜	攻擊性：中
毒性：無	可見頻度：偶見

成蛇

●尾部具有黑色縱帶

●眼後方有一粗黑如眉的縱帶

　　錦蛇的眼睛後方，有一粗黑寬大的縱帶如眉毛，因而有「黑眉錦蛇」之稱。在大陸農村，錦蛇經常出沒於住家附近，而且喜歡盤據在老式房舍的屋簷上。牠對人無害，又可幫助消除鼠患，因此許多人家不但不驅趕牠，還視牠為家族的成員，所以又有「家蛇」之稱。

特徵：身體呈橄欖黃色，前段常有黑色菱形斑，後段背側有兩條黑色縱紋直達尾端。眼睛後方至頭後方有一明顯的黑色縱帶。身體中段鱗列數變異大，21～25 列。中央 9～17 列的鱗片具弱稜脊，其餘鱗片則平滑無稜脊。

食性：以蛙、鳥類、鳥蛋和鼠類等小型哺乳類為食。

繁殖：卵生。每年 5 月左右交配，交配時間延續 11～14 小時。夏季產卵，每次產 2～13 枚。卵長約 5cm，寬約 3cm。約 1 個月孵化，溫度低時，孵化期可延長至 2.5 個月。剛孵化的仔蛇全長約 40cm，重約 15g。

棲地：山區或平地的樹林及草地，也常在住家附近出沒。

分布：台灣全島 1000 公尺以下中低海拔地區。中國各省（除北部外）、印度東部、緬甸、泰國及越南幾乎都有發現。

附註：種名 “*taeniura*” 指此蛇尾巴具有帶狀的縱斑。其中 “*taeni*” 為「帶狀」之意，“*ura*” 則為「尾巴」的意思。

草花蛇

科名：黃頷蛇科 Colubridae
學名：*Xenochrophis piscator*
（Schneider, 1799）
俗名：漁游蛇，水草蛇，
紅糟蛇，千布花甲，
Striped water snake,
Checkered keelback

最大全長：120cm	體型：中
活動性：日	攻擊性：中
毒性：無	可見頻度：少見

成蛇

●頸部背面有一 V 或 W 形斑紋

●身體前段花紋如棋盤

　　草花蛇的身體前段呈棋盤狀的花紋，而且多數鱗片有稜脊，所以英文俗名為
「棋盤狀的稜脊背」（Checkered keelback）。牠遭遇敵害攻擊時，偶爾會表現假
死的行為，和牠血緣相近的歐洲游蛇（*Natrix natrix*）也有相似的行為。草花
蛇過去是台灣田間常見的蛇類，日本人牧茂市郎曾在書中記錄牠是台灣最常見
的蛇類之一，但現在已不容易發現牠的蹤影。

特徵：身體淺棕色，有許多黑色斑塊和黃色細點散雜其間，前段的黑色小斑塊交錯排列成棋
盤狀花紋。頸部背面有一細 V 或 W 形斑紋。眼睛正下方和後方，各有一條細黑紋，平行的
斜向後下方。腹鱗後緣常有黑色橫紋。身體中段以前的體鱗 19 列。兩側最外緣 2～3 列的鱗
片，平滑無稜脊，其他鱗片都有稜脊。

食性：以魚類、蛙、蝌蚪、蟾蜍、昆蟲為食，也有捕食蜥蜴、鳥類和鼠類的紀錄。

繁殖：卵生。若春季交配，則春末至夏季產卵；秋季交配，則至隔年的春季才產卵。產卵數
因個體大小而有差異，少則 8 枚，多可達 88 枚，但多數 30 枚以上。卵長 1.3～2.4cm，寬 1～
1.5cm。孵化期約 2.5 月。剛孵化的仔蛇全長 17～19cm。

棲地：水田、沼澤和濕地。

分布：台灣全島 500 公尺以下低海拔地區，但數量已大幅減少，金門數量尚多。本種分布甚
廣，從中國南部地區、巴基斯坦、斯里蘭卡到東南亞各國都有紀錄。

史丹吉氏斜鱗蛇

科名：黃頷蛇科 Colubridae
學名：*Pseudoxenodon stejnegeri stejnegeri* Barbour, 1908
俗名：花尾斜鱗蛇，
Mountain keelback

●台灣特有亞種

最大全長：90cm	體型：小
活動性：日	攻擊性：中
毒性：無	可見頻度：偶見

成蛇

●上唇鱗具黑紋

●頭頸部有一紅褐色倒 V 斑

　　本種蛇顯然是為了紀念19世紀末美國的兩生爬行動物學者——史丹吉（Leonhard H. Stejnegeri）而命名。斜鱗蛇遭遇敵害時，反應和異齒蛇（*Xenodon*）相似，脖子和身體均會變扁，而且牠頭頸部的花紋和一些異齒蛇相似，就像假的異齒蛇，所以其屬名為「假異齒蛇」（*Pseudoxenodon*）。

特徵：身體前半部的背側中央，有較規則的灰褐色菱形斑，後半段的菱形斑常連成一褐色縱帶。頭頸部背面有一倒 V 形紅褐色斑紋。眼後至嘴角有一黑褐色縱帶，有時此縱帶不清楚。上唇鱗黃白色，鱗片相接處有黑紋。身體中段體鱗 17 列。上頷齒 20 枚，最後 2 枚明顯較大。

食性：以蛙類和山椒魚為食。

繁殖：卵生。

棲地：山區、溪流、山溝、森林底層等潮濕的環境。

分布：台灣全島 1000～2000 公尺中高海拔地區較常見。

附註："*Pseudo*" 字意為「偽」，而 "*Xenodon*" 是產在中南美洲的異齒蛇屬，牠們的唾液有毒性，但無協助注毒的溝牙，上頷後方的大牙齒有別於一般後溝牙的形式，所以有「異齒」之名。史丹吉曾發表許多中國和台灣的兩生爬行動物新種，他在哈佛大學任職的朋友，鮑伯（Thomas Barbour）便將採於阿里山的模式標本，以他的名字命名。大陸後來發現另一亞種——花尾斜鱗蛇（*Pseudoxenodon stejnegeri striaticaudatus*），台灣的就成為指名亞種。

台灣赤煉蛇

成蛇

科名： 黃頜蛇科 Colubridae
學名： *Rhabdophis tigrinus formosanus*（Maki, 1931）
俗名： 虎斑游蛇，紅脖游蛇，
Asian tiger snake

●台灣特有種，保育類

最大全長：100cm	體型：中
活動性：日	攻擊性：中
毒性：強	可見頻度：偶見

●頭後方有黑黃相間的橫帶

●大陸亞種

●日本亞種

　　台灣赤煉蛇的體色呈黑黃相間如虎斑，所以大陸稱為「虎斑游蛇」。台灣赤煉蛇發怒時，形狀和動作很像眼鏡蛇。牠被捕捉時，頸槽皮膚下的頸腺可能會射出白色或淡黃色分泌物，對人的黏膜有強的刺激性。牠的上頜後方有一對毒牙，日本亞種（*R. t. tigrinus*）曾有兩例咬人致死的紀錄，大陸亞種（*R. t. lateralis*）也有嚴重咬傷人的病例。台灣亞種雖無相關報導，但仍須小心因應。

特徵：全身呈黑黃相間的棋盤狀花紋，黑色斑紋一般比黃色斑紋大。頭部後方有一黑色橫帶，緊接一黃橙色的橫帶，接著又是一條黑色橫帶。上唇鱗米黃色，後緣有細黑邊，其中眼睛下方的上唇鱗黑斑特大。體鱗大多 19 列，少數個體 17 列。鱗片都有明顯的稜脊。上頜後方有一對毒牙。

食性：以蛙和蟾蜍為主食，也有捕食魚和其他蛇類的紀錄。

繁殖：卵生。夏季產卵，每窩產 8～47 枚，約 1.5 個月孵化。剛孵化的仔蛇全長約 16cm。

棲地：山區溪流、山澗、森林底層等潮濕的環境。

分布：台灣全島 1500 公尺以上中高海拔地區較常見。

附註：台灣赤煉蛇的模式標本是 1923 年 7 月 7 日牧茂市郎在八通關採獲，因形態有所差異而定為台灣特有亞種。三種亞種的最主要差異在於：台灣亞種的全身體鱗有 5 行粗大的黑斑，且交錯排列成棋盤花紋；日本亞種身體前段的黑斑常連成黑色橫帶，後段的黑斑才交錯排列，且只有 3～4 行；大陸亞種則只有 2～3 行交錯排列的黑色橫斑。

鎖蛇

成蛇

科名：蝮蛇科 Viperidae
學名：*Daboia russellii siamensis*
　　　（Smith, 1917）
俗名：圓斑蝰，鎖鍊蛇，七步蛇，
　　　黑斑蝰，金錢蛇，
　　　Russell's viper

●保育類

最大全長：128cm	體型：中
活動性：日、夜	攻擊性：強
毒性：強	可見頻度：極少

●頭和身體布滿橢圓形斑

　　鎖蛇的頭和身體有許多橢圓形斑，所以俗稱「圓斑蝰」，而且體背中央的橢圓形斑，有時前後相連如鎖鍊般，所以又稱「鎖鍊蛇」。牠的行動緩慢，常盤成一堆。鎖蛇偏好較開闊而有些乾燥的環境，陰溼的森林中幾乎不見牠的蹤影，這可能是牠在東南亞呈現間斷分布的原因。本亞種從孟加拉灣以東，只見於緬甸、泰國、東爪哇島、廣西、廣東、福建和台灣，其間富有山區森林或熱帶雨林的地區，則沒有分布，如寮國、柬埔寨、越南、馬來半島、蘇門答臘和婆羅洲等。鎖蛇在台灣也只出現在東南部，較開闊而日照充足的環境，數量極為稀少。

特徵：體型粗短。頭三角形。頭和身體有許多橢圓形斑紋，體背中央的橢圓形斑紋，有時前後相連如鎖鍊。頭部都是小鱗片。體鱗有明顯的稜脊。沒有頰窩。

食性：以蛙、蜥蜴、蛇、鳥和鼠類為食。

繁殖：胎生。春天交配，夏秋季生產。每窩可產 20～63 條仔蛇。

棲地：開墾地及河床礫灘地。

分布：台灣東部和南部 500 公尺以下低海拔地區較可能發現。大陸的福建、廣東和廣西以及泰國、緬甸和東爪哇島也有分布。

附註：有些學者將鎖蛇分成五個亞種，台灣的鎖蛇為其中之一的特有亞種（*Daboia russellii formosensis*）。但 W. Wuster 等人在 1992 年，詳細比對牠們的形態特徵，並做統計分析後，認為只有兩個亞種，即泰國亞種和分布在孟加拉灣以西（印度及斯里蘭卡）的指名亞種——*Daboia russellii russellii*。台灣的鎖蛇屬於泰國亞種，亞種名 *"siamensis"* 是「屬於暹羅」的意思。

擬龜殼花

科名：黃頷蛇科 Colubridae
學名：*Macropisthodon rudis rudis* Boulenger, 1906
俗名：頸稜蛇 , 偽蝮蛇 , False viper, Keelbacks

最大全長：120cm	體型：中
活動性：日、夜	攻擊性：中
毒性：無	可見頻度：偶見

幼蛇

●身上有大型黑斑

●頭側有一深棕色的縱帶

　　由中名和俗名便可知這種蛇看起來像龜殼花或蝮蛇類。擬龜殼花遇敵害時，很容易做防禦性的動作，原來略成三角形的頭變成標準的三角形，身體則呈上下扁平，一幅窮兇惡極準備攻擊的模樣，讓敵害以為牠是不好惹的蝮蛇類毒蛇，但這一切都只是裝腔作勢，牠的攻擊性其實不強，且不具備毒液。擬龜殼花的數量不多，身體的花紋雖類似龜殼花，但其瞳孔圓形、頭部有大型鱗片、頭頂顏色一致，和龜殼花明顯不同。

特徵：身體中線兩側，各有大型的黑斑，前段的黑斑常相連成一大塊。頭頂為一致的棕色，具大型鱗片。自吻端經眼睛到頭後方，也就是頭側淺黃色和頭頂交接處，有一深棕色的縱帶。頭略成三角形。前中段的體鱗為 23 列。各鱗片的稜脊明顯，粗糙而不光滑。瞳孔圓形。上頷齒 12 枚之後，有一明顯的齒間隙，然後有 2 枚大型的牙齒。

食性：以蟾蜍和蛙類為食，也有捕食台灣鈍頭蛇、蜥蜴、昆蟲和蚯蚓的紀錄。

繁殖：胎生。夏末秋季生產，每窩可產 12～27 條仔蛇。剛孵化的仔蛇全長 13～20cm，重 2～5g。

棲地：山區林內的底層、草叢或溪澗附近。

分布：台灣全島中低海拔地區。中國西南和中南部地區都有分布。

龜殼花

科名：蝮蛇科 Viperidae
學名：*Protobothrops mucrosqua-matus*（Cantor, 1839）
俗名：烙鐵頭，
Pointed-scaled pitviper

●保育類

最大全長：150cm	體型：中
活動性：夜	攻擊性：強
毒性：強	可見頻度：常見

●成蛇

●頭呈三角形

●母蛇和小蛇（黃光瀛 攝）

　　龜殼花的頭部呈銳三角形，身體有大型不規則的黑斑，極易辨識。牠的攻擊性相當強。自 1970 年以來，尤其是中南部地區，被毒蛇咬傷的案例以龜殼花最高。龜殼花喜愛吃老鼠，所以常會在住家附近出現。被咬傷後若能迅速就醫，死亡機率極低。

特徵：頭呈銳三角形。頭頂常有斑紋。眼後有一細的黑褐色縱帶。身體黃棕色，有大型黑斑，體背中央的斑塊常連成波浪狀。有頰窩。頭部都是小鱗片。身體中段的體鱗大多 27 列。除了緊鄰腹鱗兩側的一列體鱗，都具有明顯的稜脊。

食性：以蛙、蜥蜴、鳥和鼠類或蝙蝠為食。

繁殖：卵生。夏季產卵，每窩產卵 3～15 枚。卵長約 3.5cm，寬約 2cm。孵化期約 1～1.5 月。雌蛇有護卵行為。仔蛇全長約 22cm，大約一週後蛻第一次皮。

棲地：山區或開墾地附近，常在廢棄的房舍或農舍活動。

分布：台灣全島 1000 公尺以下中低海拔地區。中國西南和中南部地區、印度、緬甸、越南都有分布。

附註：龜殼花原本屬於 "*Trimeresurus*" 屬，在 1981 年時 Hoge 和 Romano-Hoge 根據頭骨的特徵，將本種和另一些種類，歸到這個新的屬。這個新的分類方式受到一些學者的支持和採用，我們從分子生物的證據，也支持這 5 個種是單一親緣的種類，所以採用最新的分類方式。

菊池氏龜殼花

成蛇

科名： 蝮蛇科 Viperidae
學名： *Trimeresurus gracilis*
Oshima, 1920
俗名： 台灣烙鐵頭，
Taiwan mountain pitviper

●台灣特有種，保育類

最大全長：60cm	體型：小
活動性：日、夜	攻擊性：強
毒性：強	可見頻度：少見

●捕食麗紋石龍子

　　菊池氏龜殼花好比小一號的龜殼花，牠的體色、花紋和龜殼花相似，但體型較細小，且頭頂常呈一致的棕褐色，而龜殼花的頭頂常有黑色花紋。菊池氏龜殼花只侷限分布在台灣兩千公尺以上的山區，因為生活在溫度變化迅速又寒冷的高海拔，體型比其他的龜殼花細小，種名 "*gracilis*" 即「具有細瘦特徵」之意。通常溫血動物在寒帶的族群，體型有較大的趨勢，以減低相對表面積減少體溫的散失；但寒帶的冷血動物卻有傾向小個體的趨勢，以便在短時間內利用外界的溫度，將體溫調節到適當的範圍。

特徵：體色黃棕，有黑褐色不規則的斑紋。頭頂常呈一致的棕褐色。頭部都是小鱗片。眼後縱帶為淺灰色，之下有一黑色縱帶，兩縱帶後方並不明顯變寬。體鱗 19～21 列。具頰窩。

食性：幼蛇以兩生類或蜥蜴為食，成蛇以兩生類、蜥蜴或小型哺乳類為食。

繁殖：胎生。春夏季交配，夏末至秋季生產。每次產 2～8 隻仔蛇。剛出生的仔蛇吻肛長約 17cm，體重約 4g。雄蛇約需 2 年，雌蛇 3 年以後可達到性成熟。

棲地：山區底層、箭竹草原或碎石堆內。

分布：台灣全島 2000 公尺以上高海拔地區。

附註：菊池氏龜殼花是專業的動物採集者菊池米太郎（Yonetaro Kikuchi）首先在能高山採獲的，1920 年大島正滿鑑定發表為新種。菊池氏龜殼花的數量稀少，幾乎沒有被咬傷的病例，因此台灣並沒有生產其專屬的血清，被咬傷後傷口會腫脹，並有組織壞死的現象，以赤尾青竹絲的血清治療仍有一定的效果。

瑪家龜殼花

成蛇

科名： 蝮蛇科 Viperidae
學名： *Trimeresurus makazayazaya*
　　　　Takahashi, 1922
俗名： 阿里山龜殼花, 山烙鐵頭

●台灣特有種, 保育類

最大全長：79cm	體型：小
活動性：夜	攻擊性：強
毒性：強	可見頻度：少見

●體色紅褐

　　瑪家龜殼花在台灣最早的標本採自阿里山，所以又名「阿里山龜殼花」。目前發現的地點仍相當零散，1930～1980年間都沒有採集紀錄，之後採獲的紀錄則不及十隻，因此目前對其生態習性所知仍極為有限。

特徵： 體型短胖。體色紅褐，具黑褐色的橫斑。頭呈鈍三角形。眼睛下方有黑色縱帶延伸至頭後下方，其上至頭頂的顏色為一致的紅褐色。尾部後段經常有白色小斑點。身體中段的體鱗25～29列。有頰窩。頭部都是小鱗片。

食性： 以小型哺乳類為食。

繁殖： 卵生。

棲地： 山區底層。

分布： 大屯山、宜蘭福山、北橫、阿里山、南橫和屏東的瑪家，都只有零星的紀錄，推測可能全島的中低海拔地區都有分布。

附註： 1909年英國人貢德斯將在阿里山採的標本鑑定為山龜殼花（*Trimeresurus monticola*）。1922年日本人高橋精一依據採自屏東瑪家的標本，命為新種的瑪家龜殼花（*Trimeresurus makazayazaya*）。1981年Hoge和Romano-Hoge根據頭骨的特徵，將本種和另一些種類歸到另一個新的屬"*Ovophis*"，但分子生物的證據顯示，瑪家龜殼花和也屬於"*Ovophis*"的琉球龜殼花有很大的差異，所以應維持原本的屬名。而我們在2000年以分子生物的資料分析，支持瑪家龜殼花有獨立為不同種的分化程度，所以仍沿用高橋的分類方式。

百步蛇

科名：蝮蛇科 Viperidae
學名：*Deinagkistrodon acutus*
　　　（Günther, 1888）
俗名：尖吻蝮蛇, 五步蛇, 蘄蛇,
　　　Chinese moccasin

●保育類

最大全長：150cm	體型：中
活動性：夜、晨昏	攻擊性：強
毒性：強	可見頻度：少見

成蛇

●身上有許多三角形黑斑

●吻端上翹

　　百步蛇是排灣族和魯凱族的圖騰，他們的許多用品經常飾有百步蛇的形體或花紋。敬畏百步蛇的習俗可以減低族人因不當的逗弄，而反遭咬噬喪命的機率。中國有關百步蛇的記載，可遠溯至西元 300 年左右的晉朝，郭璞在《爾雅注》曾提到：「蝮蛇唯南方有之，一名反鼻細頸，大頭焦尾，鼻上有針……」而南朝梁陶弘景、唐朝柳宗元、明朝李時珍和清朝趙學敏等人，他們的著作內也都有百步蛇的描述。可能因為百步蛇是劇毒蛇類，上翹的吻部很特別，所以很早就受到人類的注意。

特徵：體型粗胖。頭三角形。吻端上翹。身體兩側有許多三角形的黑色斑紋。頭部有對稱的大型鱗片。具頰窩。

食性：以蛙、蟾蜍、蜥蜴、鳥和鼠類為食。

繁殖：卵生。多在 3～11 月交配，6～8 月產卵。每窩產卵 11～35 枚。約 3 週至 1 個月孵化。雌蛇有護卵行為。剛孵化的仔蛇全長約 21cm。

棲地：山區林木底層。

分布：台灣全島 500～1000 公尺中低海拔地區較可能發現，但因大量捕捉，已不易見到。中國西南和中南部以及越南北部也有分布。

高砂蛇

成蛇

科名： 黃頜蛇科 Colubridae
學名： *Elaphe mandarina*
（Cantor, 1842）
俗名： 玉斑錦蛇 , 玉帶蛇 , 神皮花蛇 ,
Mandarian rat snake

●保育類

最大全長：140cm	體型：中
活動性：日、晨昏	攻擊性：弱
毒性：無	可見頻度：少見

●身上布滿菱形黑斑

●頭頸部有 3 條黑色橫帶

　　高砂蛇身上獨特醒目的斑紋讓人一見難忘，背部的菱形黑斑外鑲金黃色的邊，而菱形斑之內又有金黃色的圓斑。鮮豔的花紋讓牠成為許多業餘養蛇人喜愛飼養的對象，但害羞的個性卻讓牠成為不易飼養的種類，尤其從野外捉回的個體，在飼養箱內常因長期拒食而死亡。

特徵：身體有許多規則的菱形黑斑，其外緣和中間各有黃色細邊和橢圓形斑塊。頭頸部有 3 條黑色橫帶，第一條在上吻經鼻孔到下吻，第二條在頭頸經眼睛之後分為兩叉，第三條在後頭部呈倒 V 形，前端並常與第二條橫帶相接。

食性：以尖鼠等小型哺乳類為食，也曾有攝食蜥蜴和蜥蜴蛋的紀錄。

繁殖：卵生。夏季產卵，每窩產 5～16 枚。卵長約 3cm，寬約 1.5cm。經 42～55 天孵化。

棲地：山區森林底層，或岩石和草叢交錯的環境。

分布：嘉義以北及花東 1000～2000 公尺的中高海拔山區都有零星紀錄，但數量不多。中國西南以及中南部、緬甸、寮國、越南北邊都有分布。

附註：高砂蛇是丹麥籍的外科醫生坎佗（Theodore Cantor）在鴉片戰爭後，於中國的舟山島首先採獲，坎佗因此使用 "*mandarina*"，字意為「中國的」，做為高砂蛇的種名。

大頭蛇

成蛇

科名：黃頷蛇科 Colubridae
學名：*Boiga kraepelini* Stejneger, 1902
俗名：絞花林蛇 , Square-head snake, Taiwan tree snake

最大全長：160cm	體型：中
活動性：日、夜	攻擊性：中
毒性：弱	可見頻度：偶見

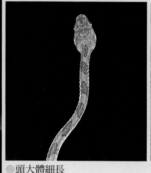

●頭大體細長

●灰色大頭蛇

　　牠的身體特別細長，讓頭部看起來格外突顯，所以叫大頭蛇。通常樹棲蛇類的身體較細長，以利於跨越相隔兩處的樹枝，大頭蛇不僅如此，還呈左右側扁，以減少跨越長距離時，身體下陷的程度。樹棲蛇類的體色常是綠色或棕色，而多數大頭蛇是棕色的，少數個體則是鉛灰色；背部並有黑色的橫斑，有些個體黑色的橫斑不明顯。

特徵：頸部和身體非常細長，頭部相形較大。體色為黃褐或鉛灰色，並有許多黑褐色的橫斑。身體左右側扁。瞳孔垂直。上頷齒 11～13 枚，大小幾乎相同，但最後一枚牙齒稍長，且和前面牙齒的距離較大。具有後溝牙。

食性 ：以小型鳥類或蜥蜴為食，也可能吃鳥蛋。

繁殖：卵生。夏季產卵，一窩可產卵 5～14 枚。卵長約 4cm，寬約 1.7cm。

棲地：山區、丘陵的樹木上，但也常下到地面活動，而遭汽車輾斃。

分布：台灣全島 1000 公尺以下中低海拔地區。中國南部地區亦有分布。

成蛇

科名：黃頜蛇科 Colubridae
學名：*Pareas formosensis*（Van Denburgh, 1909）
俗名：脊高蛇, Taiwan slug snake

●台灣特有種，保育類

最大全長：70cm	體型：小
活動性：夜	攻擊性：弱
毒性：無	可見頻度：偶見

●台灣鈍頭蛇吃斯文豪氏大蝸牛　●卵生

　　台灣鈍頭蛇專門以蛞蝓和蝸牛為食，因此下頜前方的牙齒尖銳細長，以便刺入蝸牛軟韌的肌肉內。蝸牛被咬後會將身體縮進殼內，鈍頭蛇的下頜也跟著伸入殼內，且左右兩邊交替前進，因為上頜固定在殼外，所以下頜並不會更深入殼內，而是將蝸牛的身體逐步拖出殼外，並吞入腹內。蛞蝓和蝸牛的動作緩慢，鈍頭蛇也顯得慢條斯里。牠是台灣蛇類裡，唯一左右咽鱗不對稱的種類。

特徵：體色黃褐，散布棕褐色不規則的斑紋。頭寬而鈍。頭頸部有 W 形斑紋。眼較突出成圓形，其下方有黑色斜紋。身體左右略呈側扁。左右咽鱗不對稱。體鱗 15 列。

食性：以蛞蝓、蝸牛為主食。

繁殖：卵生。夏季生產，每窩產卵 2～9 枚。卵長 2～3cm，寬約 1cm。經 1.5 個月孵化。剛孵化的仔蛇全長約 15cm，重約 1.5g。

棲地：山區較陰濕的環境。

分布：台灣全島 1000 公尺以下中低海拔地區較常見，也可能出現在 2000 公尺左右的山區。

附註：本種的模式標本是由美國人湯普生（Joesph C. Thompson）在關仔嶺採得，而范登堡（John Van Denburgh）在 1909 年發表。1931 年牧茂市郎將兩隻在阿里山採得的鈍頭蛇命名為新種——駒井氏鈍頭蛇，但 1997 年太田英利發表文章，認為這兩種為同種異名。

球蟒

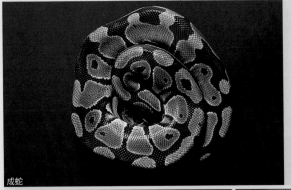

科名：蚺蛇科 Boidae
學名：*Python regius*
（Shaw, 1802）
俗名：Ball python,
Royal python

●外來種

最大全長：190cm	體型：中
活動性：夜	攻擊性：弱
毒性：無	

成蛇

●頭頂的輪廓呈花瓶狀

●具唇窩

　　球蟒因遭受威脅時會將身體纏成球狀，並將脆弱的頭部保護在「球」內而得名。雖然有些蛇類也有類似的行為，但不像球蟒纏得那麼緊，可以在地上翻滾而不會鬆開。球蟒在蟒蛇類群裡算是小個子，體型小有助於鑽入地洞內，捕食小型哺乳動物或進行生產和休眠的行為。

特徵：兩眼間的寬度不但小於頭部後方的寬度，也小於吻部的寬度，所以頭頂的輪廓呈花瓶狀。全身由棕黑色和淺褐色的斑紋組合而成，淺褐色斑紋常呈圓弧狀，內雜有深棕色的斑紋。從鼻孔上方開始，兩側各有一條淺褐色的細縱紋，經眼睛上半部達頭部後方。眼睛下方往後也有一條淺褐色的細縱紋。具唇窩。

食性：以小型哺乳類為食。

繁殖：卵生。秋冬季交配，春夏季生產。雌蛇有護卵的行為。每窩產卵 2～8 枚。約經兩個月孵化。

棲地：草原和稀疏的林地，並常鑽入地洞內捕食小型哺乳類或進行生產、休眠。

分布：非洲的中西部地區。

附註：球蟒退化的後肢在兩性間的差異不明顯，且尾巴粗短，很難從外觀分辨性別。壽命長達 47 年。

緬甸蟒

科名：蚺蛇科 Boidae
學名：*Python molurus bivittatus*
Kuhl, 1820
俗名：黑尾蟒，金花蟒，琴蛇，
Burmese python

●外來種

最大全長：760cm	體型：巨大
活動性：夜	攻擊性：弱
毒性：無	

成蛇

●頭側和眼下具有深棕色斑紋

●黃金蟒是緬甸蟒的白化個體

　　在亞洲，緬甸蟒是體型僅次於網紋蟒的巨型蛇類。中國的胡琴、三弦或手鼓上的琴膜或鼓膜，經常利用緬甸蟒的皮製成，所以有「琴蛇」的俗稱。印度蟒（*P. m. molurus*）和錫蘭蟒（*P. m. pimbura*）是和緬甸蟒血緣相近的兩個亞種，牠們的體型都略小於緬甸蟒，且體色較淡，三者之中，緬甸蟒的數量較多，且因寵物市場的需求而有大量的人工繁殖個體，印度蟒因大量的蛇皮供應幾近絕種，而錫蘭蟒的數量本來就少，目前兩者皆受保護管制。

特徵：體型粗胖。體背滿布深棕色大型斑紋，體側的斑紋內常有米黃色的圓斑而呈豹紋狀。頭頸部有一深棕色的箭頭斑紋達吻端。頭側的深棕色斑紋，從吻部經眼睛往後斜向口角。眼下方至上唇之間有一深棕色斑紋。體鱗光滑無稜脊，中段 64～72 列。肛鱗單一不分裂。

食性：以哺乳類、鳥類和爬行動物為食。

繁殖：卵生。雌蛇有護卵的行為。每窩產卵 20～100 枚以上。剛孵化的仔蛇全長 46～61cm。

棲地：較常出沒於水澤溼地和河邊，也會棲息於開闊的叢林或草原。有時會被人類飼養的家禽或家畜吸引，而出現在住家附近。

分布：從印度東北邊到中國西南各省，往南經緬甸、泰國、越南、馬來西亞到印尼。

附註：最大全長雖是 760cm，但大多在 500cm 以內。可存活 28 年。

紅尾蚺

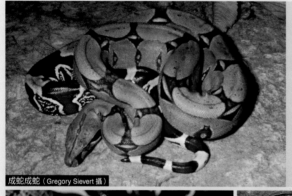

成蛇成蛇（Gregory Sievert 攝）

科名： 蚺蛇科 Boidae
學名： *Boa constrictor*
　　　 Linnaeus, 1758
俗名： 巨蚺 , Red tail boa

●外來種

最大全長：560cm	體型：巨大
活動性：夜、晨昏	攻擊性：弱
毒性：無	

●體背有深棕色的斑紋

●有些亞種的顏色較暗淡

　　紅尾蚺的尾巴有紅棕色的斑紋，和主要呈棕灰色的身體相較之下，顯得特別醒目，因而得名。紅尾蚺的分布廣泛，已知的亞種多達 11 種，其中有些亞種的顏色較暗淡，尾巴的紅色斑紋也不顯著。蚺蟒經常被混淆使用，因此紅尾蚺亦常被稱呼為「紅尾蟒」，其實蚺和蟒分屬於不同的亞科，而紅尾蚺屬於蚺亞科，稱其為蟒並不正確。

特徵：體型粗胖。體背常有深棕色的馬鞍形斑紋，而在兩個馬鞍形斑紋之間則為長橢圓形的棕灰色斑紋。馬鞍形斑紋在身體後方至尾部逐漸變寬而呈橢圓形，顏色也變成棕紅色。

食性：以哺乳類和鳥類為食。

繁殖：胎生。春季生產，每次產 6～65 隻仔蛇。剛出生的仔蛇全長 38～50cm。最快 19 個月可達性成熟。

棲地：在叢林或乾旱的岩石灌叢區都可發現，幼蛇較常在樹林間攀爬，成蛇則多棲息於地面。

分布：中、南美洲，從墨西哥中部至阿根廷。

附註：最大全長雖超過 500cm，但多數個體的全長短於 400cm。可存活 40 年。

玉米蛇

科名：黃頷蛇科 Colubridae
學名：*Elaphe guttata guttata*
（Linnaeus, 1766）
俗名：Corn snake,
Red rat snake

●外來種

最大全長：183cm	體型：中
活動性：夜	攻擊性：弱
毒性：無	

成蛇

●頭部有兩個棕紅色的倒 V 形斑紋

●玉米蛇白子

　　玉米蛇全身由淺棕色和棕紅色的斑駁花紋組合而成，就像印第安人栽種的玉米花紋而得名。玉米蛇的花紋在樹林底層、枯黃的落葉堆間具有隱蔽的效果，但在一般的背景下卻很醒目漂亮，再加上牠的性情溫馴，在美國是很廣泛的寵物蛇。玉米蛇在人工大量繁殖下，已產生許多不同程度的白化個體。

特徵：全身具有淺棕色和棕紅色的斑駁花紋，棕紅色斑紋的外緣常有黑色細紋。頭部有兩個棕紅色的倒 V 形斑紋，前一個倒 V 形斑紋經過眼睛，往後下方達最後一片上唇鱗；後一個倒 V 形斑紋在頸部之後，與背部的棕紅色斑紋連在一起。體鱗具有弱棱脊，通常 27 列，有時 29 列。肛鱗 2 片。

食性：以蛙、蜥蜴、鳥類和鼠類為食。

繁殖：卵生。春季交配，夏季產卵。每窩產卵 3～40 枚，多在 20 枚以內。約經 2 個月孵化，剛孵化的仔蛇全長 25～38cm。1.5～3 年達性成熟。

棲地：廢棄的房舍、農地、闊葉林到海拔 1850 公尺的針葉林都可發現。

分布：從美國新澤西州的南邊，經佛羅里達到路易士安那州。

附註：可存活 21 年。

紅斑蛇

科名：黃頷蛇科 Colubridae
學名：*Dinodon rufozonatum*
　　　（Cantor, 1842）
俗名：火赤煉（鏈），赤鏈蛇，桑根蛇，
　　　Red banded snake

最大全長：160cm	體型：中
活動性：夜	攻擊性：中
毒性：無	可見頻度：常見

成蛇

●體側呈黑斑的個體

●紅斑蛇捕食澤蛙

　　在台灣做夜間採集時，最容易發現的蛇就是紅斑蛇，因牠廣棲於各種生態環境。其食性亦廣，連一些毒蛇，像赤尾青竹絲或龜殼花也會被牠捕食。在野外初遇時，紅斑蛇的攻擊性頗強，且被捕時，常由肛門腺或泄殖腔排出具惡臭的分泌物，但很快就馴化。

特徵：頭部寬扁。紅棕色的身體上有大型的黑色橫斑。有時體側的紅棕色加深為黑色，而和黑色橫斑成為一體，這時身體呈黑棕色，而有紅棕色的細橫帶。

食性：以魚、蛙、蟾蜍、蜥蜴、蛇、鳥或老鼠為食，也曾攝食同種蛇的蛇卵和甲蟲。

繁殖：卵生。春夏季生殖，每窩約產卵8枚。有些個體一年可產兩窩，春夏季各產一窩。約1個月孵化，剛孵化的仔蛇全長約23cm。

棲地：廣棲於農耕地、樹林、水邊等各類環境的地表。

分布：台灣全島及馬祖中低海拔地區。全中國，除內蒙古、新疆和西藏外都有發現，寮國、北越、韓國和日本也有分布。

附註：中國人很早就開始利用紅斑蛇，大陸稱為赤鏈蛇。明朝李時珍的《本草綱目》記載：「黃喉蛇俗名赤棟蛇，一名桑根蛇。赤棟紅黑，節節相間，儼如赤棟，桑根之狀，喉下色黃，大者近丈，皆不甚毒，丐兒多養為戲弄，死即食之……釀酒或入丸散，主風癩頑癬惡瘡……」大陸武夷山以浸泡蛇酒出名，除了各種毒蛇，紅斑蛇也是蛇酒內的常見種類。

幼蛇

科名：黃頷蛇科 Colubridae
學名：*Sinonatrix annularis*
　　　（Hallowell, 1856）
俗名：赤鏈華游蛇，半紋蛇，
　　　紅豬母，水赤鏈游蛇，
　　　Asiatic banded water snake

最大全長：100cm	體型：中
活動性：晨昏、夜	攻擊性：中
毒性：無	可見頻度：少見

●成蛇腹面漸呈黃白色

●上下唇鱗的後緣有黑斑

　　赤腹游蛇之名源自腹面和側面呈橘紅色。此外，其黑色斑紋和背部的棕黑色融為一體，只見到側面的一半黑紋，所以又稱「半紋蛇」。日治時代，赤腹游蛇是台灣很常見的種類，甚至有危害養殖魚塭的報告，但現在數量已大幅銳減，只有北部地區還有零星的發現。

特徵：體型圓胖。體背黑色，側面至腹面有黑色斑紋。腹面的黑斑常呈左右交錯排列。幼蛇腹側面的橘紅色較鮮明，成蛇漸呈黃白色。上下唇鱗米黃色，後緣有黑紋。身體中段以前體鱗 19 列。除了兩側第 1 列之外，鱗片都有明顯的稜脊。

食性：以蝌蚪、蛙類、泥鰍及魚類為食。

繁殖：胎生。春季交配，夏末至秋季生產，每窩產 1～14 條仔蛇。仔蛇全長約 20cm。

棲地：水田、沼澤和池塘等濕地環境。

分布：台灣全島 500 公尺以下低海拔地區。中國西南和中南部地區也有分布。

附註：本屬（*Sinonatrix*）蛇類原屬於游蛇屬（*Natrix*），在 1977 年 Rossman 和 Eberle 才依據本屬共有的半陰莖形態、鱗片、生化資料和染色體特性等，將其分離出來，而屬名所依據的種類就是赤腹游蛇。本種的模式標本採自中國寧波，所以屬名是「中國」（*Sino*）和「水蛇」（*natrix*）的結合。大陸將本屬蛇類都稱為「華游蛇」。種名 *"annularis"* 則是指此蛇身體側面至腹面具有環形斑紋。

紅竹蛇

科名：	黃頜蛇科 Colubridae
學名：	*Elaphe porphyracea nigro-fasciata*（Cantor, 1839）
俗名：	紫灰錦蛇 Red bamboo rat snake

●保育類

最大全長：110cm	體型：中
活動性：夜	攻擊性：弱
毒性：無	可見頻度：偶見

成蛇

●紫灰錦蛇指名亞種（Ashok Captain / The Lisus 攝）

●幼蛇，剛出生頭頂即有黑縱帶

　　紅竹蛇一身棕紅，加上相距很遠的黑色環紋，和兩條細細的黑色縱線，看起來就像是一節節紅色的竹子。紅竹蛇是鼠蛇屬的成員，只分布於亞洲，有些學者將牠分成七個亞種，有的則主張只分成兩個亞種，本書採用後者。

特徵：身體棕紅色或棕色，具 10 個左右相距很遠的黑色寬環紋，隨著年紀成長環紋漸不清楚。頭頂中央有一黑色縱帶，另從兩側瞳孔，各向後延伸一條黑色縱帶，經過第一圈黑色環紋後，變成兩條細的縱線，延伸至尾端。身體中段體鱗 19 列。

食性：以鼠類等小型哺乳動物為食。

繁殖：卵生。夏季產卵，也有在春、夏各產一窩的紀錄，每窩產卵約 3 枚。卵長約 5cm，寬約 1.7cm。經 52 天左右孵化，剛孵化的仔蛇全長約 33cm，重約 6g。

棲地：山區或開墾地的地表。

分布：台灣全島 1000 公尺以下中低海拔地區。中國南部及貴州、寮國、越南北邊也有分布。

附註：紅竹蛇（*Elaphe porphyracea*）的分布從中國中北部以南，經台灣、海南島、東南亞，到印度的東北邊。有些學者將其分為七個亞種，並將台灣的獨立為一亞種——*Elaphe porphyracea kawakamii*。但有些亞種的形態特徵區隔並不清楚，如台灣亞種、海南島亞種和大陸南方的紫灰錦蛇黑線亞種，所以有些學者將牠們共列在紫灰錦蛇黑線亞種之下。牠和紫灰錦蛇指名亞種（*Elaphe porphyracea porphyracea*）的差別是，後者的身體前段沒有兩條細縱線。

赤腹松柏根

科名：黃頷蛇科 Colubridae
學名：*Oligodon ornatus*
　　　Van Denburgh, 1909
俗名：飾紋小頭蛇，黃腹紅寶蛇，
　　　Red belly kukri snake

最大全長：80cm	體型：小
活動性：日	攻擊性：中
毒性：無	可見頻度：少見

成蛇

●腹部中央有一赤紅縱帶（黃光瀛 攝）

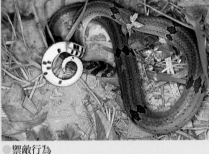

●禦敵行為

　赤腹松柏根的禦敵行為令人印象深刻，在遭受威脅時，牠的尾部會捲曲成螺旋狀，並露出腹面鮮豔的花紋，希望能藉此嚇阻敵人的傷害。牠的腹部有一條紅色的縱帶，加上交錯排列的黑色方紋，非常顯眼。牠和同屬的赤背松柏根一樣，都嗜食爬行動物的蛋，但牠的數量較少。

特徵：體型短小圓胖。頭小，頸部不明顯。頭頸部有 3 個倒 V 形斑紋，第一個斑紋穿過兩眼。體背有一些黑色環帶。腹部中央有一條赤紅色的縱帶，兩側有黑色斑塊交錯排列。吻鱗大片向上延伸，由頭頂可看到部分吻鱗。體鱗 15 列。上頷齒 6 枚，後方的牙齒明顯較大且側扁。

食性：嗜食爬行動物的蛋。

繁殖：不詳。

棲地：山區或開墾地底層。

分布：主要發現地點多在台灣北部 500～1000 公尺的山區，南部偶有零星紀錄，東部尚未發現。中國華南和華中地區也有發現，但數量稀少。

白梅花蛇

●成蛇

科名：	黃頜蛇科 Colubridae
學名：	*Lycodon ruhstrati*（Fischer, 1886）
俗名：	黑背白環蛇，黑塊白環蛇，White plum blossom snake

最大全長：110cm	體型：中
活動性：夜	攻擊性：中
毒性：無	可見頻度：偶見

●幼蛇

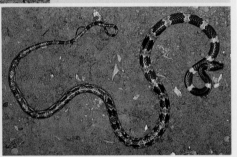

●黑白環紋相間形似雨傘節

　　白梅花蛇那黑白相間的環紋，很容易讓人誤認為雨傘節。在台灣也只有這兩種陸棲蛇類，身體呈黑白相間的環紋，但白梅花的白色環紋在身體後段常變成褐色花紋，且愈後愈寬。此外，黑白環紋交接處亦較破碎不規則。白梅花蛇的前方牙齒增大，且和後方的牙齒之間有明顯的間隙，以利於咬住滑溜的蜥蜴，因此其屬名 *"Lycodon"* 的拉丁文原意即為「狼牙」。

特徵：身體細長。全身有黑白相間的環紋。白色環紋在身體後段變成褐色花紋，且愈後愈寬，常和黑色環紋一樣寬或比黑色環紋寬。黑白環紋交接處破碎不規則。身體中前段體鱗 17 列。上頜齒分為前後兩段，間隔一齒間隙沒有牙齒，最後 2 枚牙齒最大。

食性：以蜥蜴及昆蟲為食。

繁殖：卵生。

棲地：山區、開墾地附近的地表或樹上。

分布：台灣全島 500 公尺以下低海拔地區。中國的西南和中南地區、日本的南琉球群島。

附註：白梅花蛇的種名 *"ruhstrati"*，是為了紀念德人魯師達（Ernst K. A. Ruhstrat）。1886 年他在南台灣採得模式標本，送回德國歐登堡（Oldenburg）博物館收藏，由費雪（Johann G. Fisher）鑑定命名。

雨傘節

成蛇

科名：蝙蝠蛇科 Elapidae
學名：*Bungarus multicinctus multicinctus* Blyth, 1861
俗名：銀環蛇，手巾蛇，
　　　白節仔，百節蛇，
　　　Banded krait

●保育類

最大全長：180cm	體型：中
活動性：夜	攻擊性：中
毒性：強	可見頻度：偶見

●背中央一列鱗特大

●黑白紋交接處較白梅花蛇規則

　　雨傘節全身具有黑白相間的環紋，很容易辨認，其種名 "*multicinctus*" 就是「很多環帶」的意思。而且牠是俗稱五大毒蛇之一，鮮少有人不認識牠。雨傘節的攻擊性其實不強，不過牠的單位毒性是台灣陸棲蛇類中最毒的，且因偏神經毒，被牠咬噬的傷口通常不腫不痛，只有輕微麻木感，因此很容易被忽視，而延誤救治時間。

特徵：全身由黑白相間的環紋構成，白色環紋的寬度遠比黑色環紋窄。極少數的個體黑色的環紋變成淺棕色，或破碎不完整，或環紋完全不見而一身棕黑。尾下鱗僅一列。背中央有一列鱗片特大。上頜前方具溝牙。體鱗 15 列，沒有明顯的稜脊。

食性：以蛙、蜥蜴、魚、鼠類、其他蛇類或蛇卵為食。

繁殖：卵生。8～9 月交配。春末至夏季產卵，每窩可產卵 3～20 枚。卵長 3～5cm，寬 1.6～1.9cm。經 39～63 天孵化。剛孵化的仔蛇全長約 25cm，重約 6g。

棲地：山區、開墾地等稍陰濕環境的地表。

分布：台灣全島、金門和馬祖 500 公尺以下低海拔地區較常見。中國西南和南部地區，緬甸、越南也有分布。

環紋赤蛇

成蛇

科名：蝙蝠蛇科 Elapidae
學名：*Calliophis macclellandi*
（Reinhardt, 1844）
俗名：麗紋蛇，赤傘節，
Asia coral snake,
Red-ringed snake

●保育類

最大全長：98cm	體型：小
活動性：夜	攻擊性：弱
毒性：強	可見頻度：極少

　　環紋赤蛇身上赤黑相間的環紋，很像美洲的珊瑚蛇，所以英文俗名為 "Asia coral snake"。環紋赤蛇的性情溫馴，動作緩慢，攻擊性小，但因具有強烈毒性，仍不宜大意。牠棲息於林木底層，因而眼睛小不發達。族群數量少，不易發現。

●頭後有一明顯的白色環帶

特徵：全身由赤棕色與黑色相間的環紋構成，黑色環紋明顯較棕色環紋窄，且其外側有黃色細邊。頭後方有一寬而明顯的白色環帶。頸部不明顯。體鱗 13 列。鱗片平滑無稜脊。

食性：以蜥蜴和小型蛇類，如盲蛇為食。

繁殖：卵生。夏季產卵。每窩產卵 4～14 枚。

棲地：山區林木底層、石縫、腐植堆。

分布：台灣全島 1000 公尺以下中低海拔地區。中國西南和中南部地區、印度、尼泊爾、緬甸、越南北邊及南琉球群島都有分布。

附註：屬名 "*Calliophis*" 常和 "*Hemibungarus*" 混用，因這兩個屬的形態特徵接近，差別僅在於前者的毒牙之後沒有小牙齒，而後者有，所以史丹吉在 1907 年便質疑分成兩屬的有效性，而將較晚才被提出的 "*Hemibungarus*" 併入 "*Calliophis*" 內，但牧茂市郎於 1931 年及晚近的日本學者如太田英利仍採用 "*Hemibungarus*"，而英國動物學者史密斯（Malcolm A. Smith）在 1943 年及晚近的大陸學者如趙爾密則都只採用 "*Calliophis*"，本書亦是。

眼鏡蛇

科名：	蝙蝠蛇科 Elapidae
學名：	*Naja naja atra* Cantor, 1842
俗名：	飯匙倩，膨頸蛇，扁頸蛇，五毒蛇，Common cobra

●保育類

最大全長：200cm	體型：大
活動性：日、晨昏	攻擊性：強
毒性：強	可見頻度：偶見

成蛇

●身上有一些細的白紋

●受激怒時前身昂起

　　眼鏡蛇的大名，幾乎無人不知。牠是古埃及和印度早期信仰中重要的守護神。亞洲地區還常有弄蛇人引導眼鏡蛇，隨音樂起舞的表演。眼鏡蛇易受激怒，而將前身昂起，頸部並擴張成前後扁平狀，此時頸背部的白色環紋更為明顯，常呈眼鏡狀而得名。眼鏡蛇的分布很廣，族群變異也很大，其種下的分類可達十個亞種之多。

特徵：頸部有一寬而明顯的白色環紋，張開時常呈眼鏡狀。頸部腹面有兩個黑色斑點，其下有一條黑色橫帶。體色黑，有一些細的灰白色環紋。偶可見到體色白、米黃、深黃或棕色的變異個體，此時頸背部的斑紋仍可見。

食性：廣泛，包括魚類、蛙、蟾蜍、蜥蜴、蛇、鳥、鳥蛋和鼠類等。

繁殖：卵生。春末夏初交配，夏季產卵。每窩可產 7～25 枚。卵長 4.2～5.4cm，寬 2.6～3.1cm。約 1.5～2 個月孵化。仔蛇全長約 20cm。雌蛇有護卵行為。

棲地：山區或農墾地表層。

分布：台灣全島和馬祖 500 公尺以下低海拔地區較常見。中國長江以南地區也有分布。

附註：眼鏡蛇的外形很像黃頷蛇類，所以當初林奈（Carolus Linnaeus）將眼鏡蛇命為 "Coluber naja"。到了 1768 年，Laurenti 才首度確立「眼鏡蛇屬」，屬名 "Naja" 源自印度蛇神之名 "Naga"。台灣的眼鏡蛇屬於舟山亞種，其模式標本由丹麥籍的外科醫生坎佗在鴉片戰爭後，於中國的舟山島採獲。本亞種的體色較黑，所以亞種名用 "atra"，就是「黑色」或「深黑色」的意思，其頸背部的白色環紋常呈眼鏡狀，也與其他的亞種不同。

伯布拉奶蛇

成蛇（Gregory Sievert 攝）

科名： 黃頷蛇科 Colubridae
學名： *Lampropeltis triangulum campbelli* Quinn, 1983
俗名： 三環王蛇，
　　　 Pueblan milk snake

●外來種

最大全長：91cm	體型：小
活動性：夜、晨昏	攻擊性：弱
毒性：無	

●兩鼻孔間有白色 U 形紋（Gregory Sievert 攝）

　　伯布拉奶蛇是三環王蛇的亞種之一，牠們和其他一些具有鮮豔環紋的王蛇，如山王蛇，都是有名的珊瑚蛇擬態者。多數珊瑚蛇身上的紅色環紋會和黃色環紋相接，而這些擬態者大多是紅色環紋和黑色環紋相接。英文俗彥："Red touches yellow, kill a fellow；Red touches black, friend of Jack." 清楚說明了何種花紋危險、何種才安全。

特徵：身體由白、黑、紅、黑環紋交替組成，一般白色和紅色環紋各 16 個，而黑色環紋則有 32 個。尾巴一般各有 5 個白色和黑色環紋，沒有紅色環紋。頭部前方黑色，但在兩鼻孔上方有一白色的 U 形紋。體鱗平滑無脊，21～23 列。肛鱗單一。尾下鱗 40～49 對。

食性：以鼠類和蜥蜴為食，也會捕食其他蛇類和鳥類。

繁殖：卵生。每窩產卵約 10 枚。剛孵化的仔蛇全長約 19cm。

棲地：乾旱的高地環境，海拔 1495～1680 公尺之間。

分布：墨西哥南部地區，從伯布拉（Puebla）南邊，往西到莫里歐（Morelos）的東邊，向南到奧沙卡（Oaxaca）的北邊。

附註：三環王蛇又統稱為「奶蛇」，其名稱源自一個錯誤的傳說，以前的人認為這種蛇會爬進穀倉內直接從牛乳吸食乳汁。三環王蛇確實常在穀倉出現，不過不是前來吸奶，而是為了找尋老鼠。牠可存活 21 年以上，分布極廣，從加拿大魁北克南邊（約北緯 45 度），經美國洛基山脈以東多數地區，到中南美洲的哥倫比亞和厄瓜多爾（約南緯 4 度），總長約 57000 公里的範圍都可發現。亞種數多達 25 種。

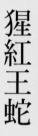

科名： 黃頷蛇科 Colubridae
學名： *Lampropeltis triangulum*
　　　 elapsoides（Holbrook, 1838）
俗名： Scarlet king snake

●外來種

最大全長：69cm	體型：小
活動性：夜	攻擊性：弱
毒性：無	

成蛇

●幼蛇（Gregory Sievert 攝）　　　●金黃珊瑚蛇（Gregory Sievert 攝）

　　猩紅王蛇是眾多三環王蛇的亞種中，最易辨認的一種！因為牠的頭呈紅色。猩紅王蛇成蛇的花紋，乍看和金黃珊瑚蛇極為相似，而且兩者有共域的棲息環境，因此一般認為猩紅王蛇是金黃珊瑚蛇的「標準擬態者」。區分猩紅王蛇和金黃珊瑚蛇的方法很簡單，前者的頭部是紅色的，身上的環紋順序是紅色接黑色；後者的頭部是黑色的，環紋順序則是紅色接黃色。

特徵：頭頂至吻端紅色，其後方緊接黑色、黃色和黑色環紋。成蛇全身（含腹面）由紅、黑、黃、黑環紋組成。幼蛇的黃紋為白色，隨著年紀增長而逐漸轉為黃色。體鱗平滑無稜脊，19 列。肛鱗單一不分裂。

食性：幼蛇以蚯蚓和昆蟲為食。成蛇主要以蛇類、蜥蜴和鼠類為食，也會捕食小魚。

繁殖：卵生。夏季生產，每窩產卵 2～9 枚。剛孵化的仔蛇全長 13～20cm。

棲地：常出現在林地，尤其是松樹林的底層，多隱匿在落葉堆或倒木下。

分布：美國東南部和南部地區，北從維吉尼亞州，南到佛羅里達州，往西經田納西州、密西西比州，到肯德基州的南邊。

附註：可存活 16 年以上。

加州王蛇

台灣蛇類現場

環紋型

科名：黃頷蛇科 Colubridae
學名：*Lampropeltis getulus cali-forniae*（Blainville, 1835）
俗名：California king snake

●外來種

最大全長：152cm	體型：中
活動性：夜、晨昏	攻擊性：弱
毒性：無	

●縱帶型

●斑紋型

●白子

　　加州王蛇的體色變化很大，有些族群的身體呈黑白相間的環紋，有些則在體背中央有一條白或米黃色的縱帶，分類學家還曾因此誤將牠們歸屬於不同的種類。更誇張的是，即使是同一窩孵出的個體，也有可能花紋完全不同。不過，黑白環紋相間是加州王蛇最常見的體色，乍看之下易誤認為台灣的雨傘節或白梅花蛇，但細看就可發現許多不同之處，譬如王蛇的吻部至頭前端有白色斑紋，而雨傘節和白梅花蛇的這個部位都呈黑色。

特徵：脖子不明顯。體色花紋變化很大，多呈黑白交替的環紋；白紋在背中央較窄，在體側和腹面逐漸變寬。有些族群則在體背中央有一條白或米黃色的縱帶，兩旁則為黑色；另一些個體縱帶不連續，斷裂成斑紋，也有整隻黑化或白化的個體。體鱗平滑無脊，25～27 列。肛鱗單一。尾下鱗 44～63 對。

食性：以其他蛇類為食，也會捕食蜥蜴、鳥和鼠類。

繁殖：卵生。春季交配，夏季產卵，每窩產 5～24 枚。約 2 個月孵化。剛孵化的仔蛇全長約 30cm，重約 12g。

棲地：廣泛，從沙漠、草地、灌叢到農耕地、落葉林和針葉林等環境都可發現。

分布：北從美國的奧勒岡州南邊經加州全境，往東擴及內華達州和亞利桑那州的西南邊以及猶他州的南邊，向南並延伸至墨西哥的下加州半島。

附註：王蛇的屬名是由希臘文 "*lampros*" 和 "*pelta*" 組合而成，前者為光亮，而後者為盾片的意思，因這類的蛇鱗片多光滑無脊。可存活 33 年。

闊帶青斑海蛇

成蛇

科名：	蝙蝠蛇科 Elapidae
學名：	*Laticauda semifasciata*
	（Reinwardt, 1837）
俗名：	半環扁尾蛇，闊尾青斑海蛇，
	Wide-striped sea krait

最大全長：150cm	體型：中
活動性：日、夜	攻擊性：弱
毒性：強	可見頻度：常見

●頸部不明顯

　　在台灣東部沿海，闊帶青斑海蛇、黑唇青斑海蛇、黃唇青斑海蛇的身體皆呈黑藍相間的環紋，所以牠們的名稱都含有「青斑」兩字，而且都屬於闊尾海蛇亞科。其中以闊帶青斑海蛇最常見，牠的黑灰色環帶在背中央，明顯比藍灰色的環帶寬。牠以珊瑚礁的各種小魚為食，可能因為較不挑食，數量也較多。有些個體會好奇的游向潛水人員，但攻擊性非常低，只要碰觸其身體，便會快速逃離，被捕捉時也不會立刻做出反擊的動作，即使被咬到也幾乎沒事。牠們的單位毒性雖比百步蛇還強，但咬噬時釋放的毒液量大多非常低，所以不會致人於死。

特徵：身體圓胖。頸部不明顯。身體呈黑灰和藍灰的環帶相間，黑灰色的環帶在背中央，明顯比藍灰色的環帶寬。尾巴明顯比其他海蛇寬扁。吻鱗分為上下兩片。

食性：以珊瑚礁的各類小魚為食。

繁殖：卵生。夏秋季時會爬到高出海面的礁縫內產卵，每窩產卵 1～8 枚。卵長約 8.7cm，寬約 3.4cm，經 4～5 個月才孵化。剛孵化的仔蛇全長 35～52cm，重 27～60g。雌雄蛇的吻肛長各在 80cm 和 70cm 時達性成熟。

棲地：礁石附近的海域，偶會上岸爬行。

分布：台灣東部海域，尤其蘭嶼沿岸最為常見，南部墾丁也偶有發現。從菲律賓及摩鹿加群島，往北至琉球群島均有紀錄。

黑唇青斑海蛇

成蛇

科名：蝙蝠蛇科 Elapidae
學名：*Laticauda laticaudata*
（Linnaeus, 1758）
俗名：扁尾蛇，
Black-lipped sea krait

最大全長：120cm	體型：中
活動性：日、夜	攻擊性：弱
毒性：強	可見頻度：常見

● 鑽入洞內捕食鰻魚（蘇焉 攝）

　　黑唇青斑海蛇和黃唇青斑海蛇的體型，都比闊帶青斑海蛇細長，可能因為這兩種海蛇的食物都偏好細長形的鰻魚。為了鑽入鰻魚的洞內捕食，細長的身體顯然比肥胖的身軀有利。在人為飼養環境裡，黑唇青斑海蛇完全不理會其他的魚類，只對細長形的鰻魚有興趣，而且只要加入養過鰻魚的海水，牠們便會開始搜尋獵物。鰻魚被咬 3～10 分鐘後，便無法動彈，黑唇青斑海蛇可以循著味道，找到靜止不動的鰻魚。黑唇青斑海蛇的環紋較闊帶青斑海蛇明顯，尤其藍環紋的顏色常呈青藍色，寬度和黑色環紋約略相等。

特徵：身體細長。頸部不明顯。環紋明顯，藍色環紋常呈青藍色，寬度和黑色環紋約略相等。上唇為暗褐色或淺藍色，隨後緊接一寬的黑色環帶環繞其餘的頭部。吻鱗單一。前額鱗 2 片。中段體鱗 17 列。

食性：專吃細長型的鰻魚。

繁殖：卵生。夏秋季會上岸在水面上的礁縫內產卵，每窩產卵 2～4 枚。會和闊帶青斑海蛇共用產卵場。雌雄蛇的吻肛長，各在 58 和 53cm 時達性成熟。

棲地：礁石附近的海域，偶會上岸爬行。

分布：台灣東部海域，尤其蘭嶼沿岸最為常見，南部墾丁也偶有發現。從新幾內亞和熱帶印度洋諸島嶼，往北至琉球群島均有紀錄。

附註：黑唇青斑海蛇在林奈時（1758 年）就已發現命名，但林奈將牠誤歸為 "*Coluber laticaudata*"，到了 1907 年史丹吉才給予現在的學名。

黃唇青斑海蛇

科名：	蝙蝠蛇科 Elapidae
學名：	*Laticauda colubrina*（Schneider, 1799）
俗名：	藍灰扁尾蛇，Yellow-lipped sea krait

最大全長：170cm	體型：中
活動性：日、夜	攻擊性：弱
毒性：強	可見頻度：少見

成蛇

●上唇黃色

前額鱗

●黃唇青斑海蛇（右），黑唇青斑海蛇（左）

　　顧名思義，黃唇青斑海蛇的上唇呈黃色，但長大後黃唇逐漸變得不清楚，這時便得依據其他特徵和類似的海蛇區分。黃唇青斑海蛇和黑唇青斑海蛇最相像，肯定能區別牠們的特徵是，前者的前額鱗有 3 片，後者只有 2 片。另外，黃唇青斑海蛇的身軀細長，黑色環紋小於藍灰色的環紋，不同於肥胖的闊帶青斑海蛇，黑灰色環帶比藍灰色的環帶寬。

特徵：身體細長。頸部不明顯。身上有黑色和藍灰色的環紋相間，黑色環紋的寬度小於藍灰色的環紋。上唇和頭頂前端呈黃色，長大後逐漸變得不清楚，隨後緊接一寬的黑色環帶環繞其餘的頭部。吻鱗單一。前額鱗 3 片。中段體鱗 21～25 列。

食性：以細長型的魚類為食。

繁殖：卵生，夏季會上岸在水面上的礁縫內產卵，每窩產卵4～7枚。卵長5.5～8cm，寬2.2～2.7cm。剛孵化的仔蛇吻肛長 28cm。雌雄蛇的吻肛長，各在 80 和 55cm 時達性成熟。

棲地：礁石附近的海域，偶會上岸爬行。

分布：台灣東部海域，尤其蘭嶼沿岸最為常見，南部墾丁也偶有發現。從新幾內亞和熱帶印度洋諸島嶼，往北至琉球群島均有紀錄。

飯島氏海蛇

成蛇

科名：蝙蝠蛇科 Elapidae
學名：*Emydocephalus ijimae*
　　　Stejneger, 1898
俗名：龜頭海蛇，飯島龜頭海蛇，
　　　Turtle-head sea snake

最大全長：85cm	體型：小
活動性：日	攻擊性：弱
毒性：強	可見頻度：偶見

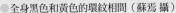
●全身黑色和黃色的環紋相間（蘇焉 攝）　　●雄蛇吻端略微突出（右），雌蛇則無（左）

　　台灣沿海出現的海蛇中，身上的環紋如果是藍或灰配上黑色的環紋，就是闊尾海蛇亞科的蛇。如果是黃和黑色交替的環紋，或腹側有大片黃色的縱帶，就是海蛇亞科的蛇。本亞科的海蛇許多都能致人於死，但飯島氏海蛇專門以魚卵為食，毒牙已退化，且攻擊性很小，對人類不具威脅性。飯島氏海蛇的雄蛇吻端會略微突出，呈龜頭狀，所以有「龜頭海蛇」之稱。

特徵：身體圓胖。頭部黑色，但兩眼之間有黃色橫紋，經眼睛後上方，彎轉下嘴角。身上具有黑黃相間的環紋。鼻孔上位。身體背中央的鱗片較大，呈六角形。雄蛇吻端略微突出，呈龜頭狀；雌蛇則無。

食性：專門以魚卵為食。

繁殖：胎生，每次產 2 隻左右的仔蛇。

棲地：在礁石海域活動，幾乎不上岸。

分布：綠島、蘭嶼沿岸海域。向北可在琉球群島發現。

附錄

如何觀察蛇類

在野外觀察蛇，不如賞鳥、賞蛙容易，因為蛇類全都是肉食性，屬於食物網裡的中上層消費者，數量本來就少，再加上棲息環境廣泛，隱蔽性很高，又不會以鳴聲宣示領域或求偶，所以較難預期在某個時段到特定的自然野地就能看到蛇。到野外找蛇時，建議要抱著「摃龜是必然，看到是運氣，碰到是福氣」的心態，才不會挫折感太重。

如何與蛇相遇

蛇是冷血動物，寒冷的冬季大多躲藏不動，自然較難觀察；而春夏氣候暖和，較容易在野外觀察到蛇。有些蛇類的棲息環境或分布範圍較窄，所以選擇至特定的環境也能提高看到牠們的機會，例如水蛇和游蛇常在水域內或水邊棲息。到小水塘、灌溉溝渠或水質乾淨的溪流，較有機會看到水蛇、唐水蛇、赤腹游蛇、白腹游蛇、花浪蛇、草花蛇和赤尾青竹絲等，而雨傘節和紅斑蛇因為會捕食其他蛇類，也可能出現在水域附近的環境。高海拔因氣候較冷，蛇類通常較少，但若想觀察棲息於此的蛇類，如標蛇、菊池氏龜殼花，就非登高

●在水域環境，有機會觀察到水蛇、游蛇或赤尾青竹絲。（王緒昂 攝）

不可。蛇生性隱蔽，除了在特定的時候，到特定的棲息環境較容易看到外出活動的蛇之外，主動去翻覆一些石塊、木板和鐵皮等掩體，也可以增加看到牠們的機會，多數蛇類的掩體被翻開時，會先驚覺的吐吐蛇信，便迅速從開口逃離，因此觀察者在翻覆掩體時，身體避免在開口的前方，以防不小心被兇猛的毒蛇咬傷，或在驚嚇的情況下，快速放下掩體而傷及蛇類。

面對面現場直擊

蛇類幾乎都不會主動攻擊人，也多不敢靠近人類，所以在野外遇到蛇類時，毋須過於驚慌。多數蛇類發現人類存在時，會吐吐蛇信便儘快離去；少數較兇的蛇，像臭青公、龜殼花或眼鏡蛇，則可能會做出防衛性的攻擊姿勢，但只要不太靠近或避免持續逗弄牠們，牠們多會緩緩爬走或靜臥原處。

觀察蛇時，只要維持一個蛇身的距離就相當安全。蛇的行為不多，經常一個姿勢便停留很久，這時可以欣賞牠們的花紋鱗片，或觀察久久才一次的呼吸運動。運氣好時則可以看到牠們的捕食或求偶行為，注意看牠們如何將大的獵物逐步吞入腹內，或在缺少四肢的情況下如何纏鬥、交配。有時也可能觀察到蛇的禦敵行為，除了逃離和反咬之外，有些蛇類，如臭青公和紅斑蛇，會從泄殖腔和旁邊的腺體分泌令人終生難忘的味道；另有些蛇類，如赤腹松柏根或赤背松柏根，則有特殊的捲尾行為；在不斷的逗弄下，草花蛇可能展現假死的行為。

●觀察蛇時，只要維持一個蛇身的距離就相當安全。

如何預防
蛇吻

　　不論在台灣或美國，被毒蛇咬傷的部位，九成以上都落在四肢的末端，可見大多數的案例是人在不留意的情況下，踩到或碰觸到毒蛇才被咬傷的，所以在蛇類活動的溫暖季節和蛇類容易出沒的地點，看清楚後才伸手舉腳，即能有效減低遭蛇吻的機率。

打草驚蛇免驚恐

　　在野外活動時，避免穿保護較少的涼鞋，至少穿著布鞋，打綁腿甚至穿雨鞋更好！在不容易看清楚的環境行走時，如草叢或枯葉堆上，拿根細長的棍子，做做「打草驚蛇」的動作是很有用的。蛇在受到驚擾後，幾乎都會快速爬離現場，即使較兇猛的百步蛇、龜殼花和眼鏡蛇也不例外。萬一牠們不逃離而做出防禦性的行為，也較容易注意到牠們的存在，而且只要持續用長棍子撥弄，牠們就會知難而逃，或者繞道而行，蛇並不會有追擊的行為。

　　少數被咬到手部的案例，是在捕捉或玩弄毒蛇時惹禍上身，因此除非必要，不要任意捕捉毒蛇，也不要玩弄死掉的

●在野外活動時，穿著雨鞋可避開蛇吻。

毒蛇！有些眼鏡蛇有假死的行為，即使剛死的蛇也可能因反射動作而咬傷人，曾有人被已被砍下的響尾蛇頭咬傷，最後竟至喪命的地步。

●擬龜殼花的頭形雖是三角形，卻不具毒液。

至於判斷毒蛇的方法，傳統上是以頭部呈三角形及體色鮮豔的特徵為準則，其實這當中有太多的例外，幾乎不準。一些頭部三角形的蛇，像台灣的擬龜殼花、美洲的豬鼻蛇、非洲的食卵蛇，都是沒有毒的蛇；而更多頭部不呈三角形的蛇，卻都毒性很強，其數量佔全部毒蛇的一半以上，如絕大多數蝙蝠蛇科的蛇，約有 260 種，以及少數毒性很強的黃頷蛇科後溝牙蛇類。在現今資訊發達、自然圖鑑逐漸普及的年代，辨認毒蛇最簡單的方法就是查資料、對圖鑑，台灣較危險的陸棲毒蛇只有 10 種，很容易從本書或相關的圖鑑認出牠們。

台灣在 1988～1991 年間的毒蛇咬傷調查顯示，龜殼花的咬傷案例最高，佔 45％；赤尾青竹絲其次，佔 37％。前者多發生在住家附近，而後者的咬傷地點多在野外。這剛好反應了牠們的生活習性，龜殼花偏好吃老鼠，易被老鼠吸引到住家附近逗留，而赤尾青竹絲主要以蛙類為食，所以野外的小水塘或溪溝就成了牠們的餐廳。所以防蛇咬的另一個方法，就是減少置身蛇類常出沒的環境，但我們不可能不待在自己的住家，所以清理住家環境，讓龜殼花沒有老鼠可吃，且無地

方可躲，就可以減少被其咬傷的機會。消除隱蔽的微棲地，如柴堆、石堆或草堆等縫細很多的環境，就可以同時減少鼠類和龜殼花在住家附近逗留。

石灰雄黃難嚇阻

民間傳說灑石灰可防蛇，其實這個方式是沒有用的！筆者的實驗室曾將龜殼花和赤尾青竹絲放置在石灰圈內，再觀察其行為。牠們爬到石灰邊緣時，只會稍做停留就爬過去，並不會受限在石灰圈內。另外，我們也曾在 T 型管的左右兩側隨機放置石灰，將蛇趕入後，看牠們是否會朝沒有石灰的一端爬走，結果從有石灰或沒有石灰那端爬走的次數幾乎一樣。會產生「灑石灰防蛇」的民間偏方，推測可能是源於生石灰遇到水會產生放熱的反應，但因蛇的身體很乾爽，遇到石灰不會有炙熱感，所以當然不會有嚇阻的作用。

蛇怕雄黃粉的說法也一樣沒有充足的理由可以支持，而且簡單測試蛇在雄黃粉圈內的反應，也看不出蛇有怕雄黃粉的行為。蛇怕鵝糞還有點道理，因為鵝的領域行為很強，即使是陌生人靠近都會被驅離，更何況是一條小小的蛇。如果蛇聞到鵝糞後不久，就被鵝攻擊，多次訓練後便可能產生制約的反應，只要聞到鵝糞便趕快逃離，但這也是被鵝訓練有素的蛇才可能有的行為反應，一般的蛇應不至於怕鵝糞，我們

●石灰無法防蛇！龜殼花爬到石灰邊緣時，只稍做停留便爬過去，毫不受限。

實驗的結果也證實的確如此。

聽到似乎沒什麼東西可以阻嚇毒蛇的前進，相信許多人會緊張的詢問那該怎麼辦？其實毒蛇並沒有想像中那麼可怕，只要依照前述「打草驚蛇」等預防方式處理，幾乎都不會有問題。如果仍覺不足，可以建構特殊的圍籬防止

●清理住家附近的柴堆，讓蛇無處躲藏，可以減少蛇類的逗留。

其爬入院子內，例如通電的圍籬或約 1 公尺高、上方向外彎出約 30 公分的圍籬。國外雖有販售驅蛇的藥劑，但不一定適用多數的蛇類，筆者的實驗室曾以台灣的龜殼花作實驗，就沒有什麼效果。有些毒蛇，如響尾蛇聞到其天敵——王蛇的味道後，會表現出不安的行為，我們也觀察到赤尾青竹絲聞到紅斑蛇的味道後，會快速逃離，未來也許可以循著這個方向持續研究，研發出讓某些毒蛇害怕逃離的有效藥劑。

另外有一種預防蛇毒咬傷的方法，就是施打蛇毒預防針，其道理和我們施打各類預防針一樣，也就是打過蛇毒疫苗後，我們體內會產生對抗蛇毒的抗體，當不小心被毒蛇咬後，這些抗體就能發揮免除蛇毒危害的功效。蛇毒疫苗是利用已消去毒性，但還具有抗原性的類毒素製成。在 1965～1967 年間，日本的琉球群島曾有四萬多位志願者接種了黃綠龜殼花的疫苗。之後，雖然被這種毒蛇咬傷的死亡率並沒有下降，但組織嚴重壞死的情況卻明顯降低。後來持續用猴子做研究，發現部分的猴子在接種黃綠龜殼花的疫苗後，可以抵抗 10 毫克的出毒量，已經很接近黃綠龜殼花攻擊時，平均一次注射 13 毫克的出毒量。不過，一般人被毒蛇咬傷的機會畢竟不高，而且蛇吻不會傳染，研發和接種蛇毒疫苗的效益也不大，未來被推廣的機會並不高。

如何處理毒蛇咬傷

被毒蛇咬傷後怎麼辦？最好的處理方式，就是迅速到附近的大醫院施打血清。在運送的過程中，患者要儘量保持鎮定，減少肢體活動，並將咬傷的部位靜放在心臟以下的位置，以減緩心跳和血液循環，延遲蛇毒被運送至重要器官的時間，這些都有利於後續的醫治。

迅速就醫治癒率高

許多毒蛇在做防衛性攻擊時，並不一定會釋出毒液，根據估算，約有 20～40％的反擊是不排毒的，而且只要迅速就醫，只有極小的比例會以死亡收場。在台灣，龜殼花和赤尾青竹絲是最常咬傷人的蛇類，在 1904～1938 年的調查中，被龜殼花和赤尾青竹絲咬傷的案例分別是 3283 和 5987 件，而死亡數分別是 275（8.4％）和 54（0.9％）件；但 1965～1971 年間在高雄和屏東的調查則顯示，龜殼花和赤尾青竹絲的咬傷案例分別只有 187 和 155 例，兩者所造成的死亡數分別只有 2 和 0 例。因此除非身處車子無法到達的深山，以台灣目前的交通狀況，即使在偏遠地區，只要有車道，幾乎都能在 3 小時以內送達醫院，這是抗蛇毒血清的治癒率還非常高的時程，實在毋須過於驚嚇害怕，而民間流傳「百步蛇百步致命」的說法顯然過於誇張了。

●製作血清時，必須經由人工取毒。首先在乾淨的玻璃器皿上覆蓋一層軟膜，然後讓毒蛇咬噬軟膜，同時擠壓蛇的頭部，毒液便會注入玻璃皿內。

以上這些處置方式都是公認適當的方法，且適用於不同類群的毒蛇咬傷，另有些則尚有爭議或只適用於某些類群的毒蛇咬傷。澳洲廣為推行的「繃帶壓迫包紮法」，是用彈性繃帶緊纏整個咬傷附肢的遠端，這樣的做法是讓患者在送到醫院前，使蛇毒儘量侷限在傷口附近，臨床的研究顯示這的確有利於蝙蝠蛇類的咬傷治療，但蝮蛇類的咬傷常會引起傷口附近腫脹，緊纏的壓力反而會惡化傷口組織壞死的情況。眼鏡蛇雖然也屬於蝙蝠蛇類，但許多種類的眼鏡蛇咬傷後也會嚴重破壞傷口組織，如果咬傷的死亡率本來就不高，用繃帶壓迫包紮法的結果可能反而害多於利，這樣的道理也適用於冰敷傷口附近的處理方式。

傳統建議使用止血帶勒緊傷口上方，將蛇毒侷限在傷口附近的做法，現在多建議避免使用。其原理雖與上述的繃帶壓迫包紮法類似，但手段更為激烈，止血帶以下的末端附肢易缺氧疼痛，且每次鬆綁後驟升的血流反而加速蛇毒的運送。在越南的鎖蛇咬傷紀錄中，有 37 例使用止血帶法，經過檢查發現，大多不能將蛇毒有效的侷限在傷口附近，而且若沒有適時鬆綁，則可能嚴重傷及缺氧的附肢。此外，類似的激烈手段：用消毒好的刀片切割傷口，再以吸毒器或口腔吸出毒液的處理方式，也被認為並不適當。尤其以刀片切割的方式經常因切割不當，而傷及末端神經，切割的激烈處理也反而會讓患者的心跳加速。以電擊槍電擊傷口是另一種宣稱有效的前置處理方式，但動物的實驗並不支持電擊可以降低死亡率。

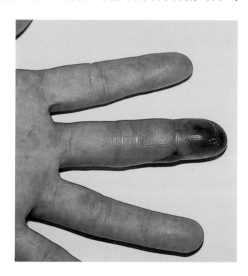

●蝮蛇類的咬傷常會引起傷口附近腫脹，若在傷口附近施壓緊纏，反而會引起組織壞死的惡化現象。

養蛇先修學分

基於對生命的尊重，筆者並不鼓勵養蛇。不過，如果讀者決定要養蛇，就要有照顧牠一輩子的準備！而蛇的壽命大多為 10～30 年。此外，為了生命安全與生態保護，不飼養毒蛇、不棄養外來種，也都是養蛇人必須謹守的原則。

毒蛇不宜

因為有些毒蛇可能傷人致死，蛇種的選擇自然成為養蛇的首要考量。除非職業性的展示或養殖場，私人非常不適宜飼養毒蛇，尤其是外來種毒蛇，因為經濟效益的考量，大多數的毒蛇並沒有專有的蛇毒血清上市，台灣各醫院或市面上一定沒有外來種毒蛇的蛇毒血清，而且蛇毒血清常有專一性的特質，本地生產的蛇毒血清多只適用於該地特定的蛇種，不適用於外地的種類，一旦被咬就只能祈禱上帝的垂憐，非常危險，過去台灣便曾發生飼主被寵物毒蛇咬傷致死的案例。即使飼養當地原生的毒蛇或有血清上市的毒蛇也相當冒險，蛇類細長的體型很容易從沒關好的飼養箱內逃出，除非有完善的設施，逃逸的蛇很容易四處藏匿而難以找回，毒蛇逃出來後很可能傷到家人或街坊鄰居，所以千萬不要飼養毒蛇。台灣較危險的陸棲毒蛇只有10 種，很容易從本書或相關的圖鑑認出牠們。至於國外進口的寵物蛇，除非循特殊管道，不會販售毒蛇。簡言之，除非飼主特意要飼養毒蛇，否則不小心養到毒蛇的機會並不高。

●棲息於澳洲的內陸太攀蛇，毒性特強，又是外來種，不得飼養。
（Peter Mirtschin 攝）

外來種衝擊多

國外進口的無毒蛇類雖不至於傷人，但如果任意棄養或逃出一定數量的個體，則可能傷害當地的原生物種，甚至危害整個生態系。根據北美自然保育協會（Nature Conservancy of North America）和環境防衛基金（Environmental Defense Fund）的研究人員分析發現，造成美國 6500 種瀕危物種面臨絕種威脅的第二大主因，就是外來種的入侵。而島嶼生態系對外來種的抵抗力又較差，因此外來種對其生物多樣性的威脅更為

嚴重。夏威夷的外來種是威脅其自然生態的最重大因素，2003 年他們成立了跨部會的委員會（Hawaii Invasive Species Council）以處理和防範日益嚴重的入侵種問題。海洋、溪流、高山、沙漠等自然屏障，阻隔了物種之間的交流，並造就許多特有的物

●除非是職業性的展示或養殖場，一般民眾不宜飼養毒蛇。圖為國外的蛇類飼養場。

種和生態系，但現代人藉著強而有利的運輸工具，往來於全球各地，許多外來種也跟隨進入原本到不了的新領域。外來種可藉由捕食、競爭或傳染疾病等不同機制，危害原生物種的生存，嚴重時甚至會改變或危及當地的生態體系。此外，外來種也常造成農林漁牧的重大損失，甚至威脅人類的健康。

　　外來種蛇類所引發的負面衝擊案例中，最著名的就是棕樹蛇（*Boiga irregularis*）在關島所導致的滅種危機。棕樹蛇在第二次世界大戰後，才意外的進入原本沒有蛇的關島，在 20 年內其族群已遍布全島。牠們捕食島上的蜥蜴、鳥類和小型哺乳類，島上 12 種鳥類已經因其捕食而滅絕，剩餘的種類也多已瀕臨滅絕。同樣地，島上原有 12 種蜥蜴，其中 9 種已瀕臨滅絕。棕樹蛇除了幾乎消滅島上的鳥類和蜥蜴外，還造成許多傷人的案例，並經常因攀爬電線而引發電力中斷，光是電力中斷的損失，估計每年就要花費一百萬美元，其他投注在拯救島上瀕危物種和防禦棕樹蛇遷移到其他島嶼的開銷，更是難以估計。

●棕樹蛇引入關島後，造成當地許多原生動物滅絕或瀕臨滅絕。

　　台灣也是島嶼生態系，須更小心因應外來種的問題，目前還沒有研究評估外來種寵物蛇可能造成的災難，也沒有管制措施。民眾在選購外來種蛇類時，應有照顧牠一生的打算。至於蛇的壽命通常為 10～30 年，因種類不同而異。

如何養好蛇類

相較於其他寵物，飼養蛇類其實是一件省力又容易的事情。不過，如果飼主希望寵物健健康康，活得長長久久，不妨注意一些小祕訣，比方蛇種的選擇便是養好蛇類的重要關鍵！或是在飼養箱一角佈置熱源，適時滿足蛇的溫度需求；準備瓦片、木盒等，則可提升寵物的生活舒適度。另外，飼養箱的「防堵」設施也很重要，畢竟蛇類落跑後，不僅主人心急如焚，左鄰右舍也不免心驚膽顫！

●蛇類細長的體型，很容易從沒關好的飼養箱內逃出。

易養蛇種好照顧

蛇種的選擇是養好蛇類的重要關鍵！因為許多蛇種很難飼養，尤其是食性專化特異的蛇，食物難找，最好別輕易嘗試，例如：小型穴居性的蛇類偏好以白蟻卵或小型昆蟲為食，或專吃蝸牛和蛞蝓的鈍頭蛇類都不容易找到足夠的食物。神經質、活動性大的蛇，如過山刀、南蛇、臭青公等也不易飼養，這類蛇易受到驚嚇，在飼養箱內快速衝撞而導致外傷，且經常食慾不佳。此外，保育類的蛇種當然也不要飼養。

台灣的紅斑蛇和青蛇是較理想的飼養蛇種，牠們的數量較豐富，有些個體在剛開始飼養時，雖較緊張甚至有攻擊的行為，但漸漸的就溫馴了。紅斑蛇的食性很廣，很容易在鳥店買到小白鼠餵食，偶爾再補充一些蛙類就可以了；青蛇的食性偏好蚯蚓，很容易在釣具店買到，也不難飼養。國外進口的寵物蛇多半屬於容易飼養的種類，如王蛇、玉米蛇和一些蟒蛇，牠們都以鼠類為食。

天衣無縫難脫逃

無毒的蛇類逃出後雖不至於傷人，但總會嚇到人，且對飼主也是一種困擾和損失，所以要加強飼養環境的改善，才能

減少蛇類逃出的機會，以及逃出後較容易被找回。飼養箱當然要能關得夠緊才行，不夠緊時蛇很容易頂出一個小縫，再從小縫擠出一個足以讓身體出去的大縫，等蛇擠出去後，縫隙便恢復原狀，這種情況總是讓飼主百思不得其解，蛇究竟是怎麼逃出去的。飼主也要勤於檢查飼養箱的蓋子是否關妥，尤其打開過後再關上時，更要細心的確認。

　　放置飼養箱的房間最好有第二層防護，即使蛇逃出飼養箱，也逃不出那個房間。房門下的縫隙是蛇最容易逃出的管道，可在房門下加裝一片橡皮軟墊或做一條活動的門檻，當房門關上時，門檻就能緊貼住房門的下沿，堵住門下的縫隙。現在的人已不習慣進門還得跨過突出的門檻，筆者的實驗室是唯一有門檻的實驗室，只要聽到進來的人踢到門檻，發出「砰」一聲，筆者就知道那不是熟人。門檻雖有這樣的好處，搬重物進出時卻是一道障礙，所以筆者請師傅設計了一個可以輕易取下的門檻，以備不時之需。至於其他蛇可能逃出的管道也要仔細的圍堵。

●在房門下方加裝一條活動的門檻，可預防飼養的蛇逃逸。

　　房內的物品愈少愈好，然後製造一、兩處有小縫的躲避場所，如離地略高的厚實木板，找不到厚實的木板時，只要在一般的木板上加重物也可以，這樣的安排讓蛇逃出飼養箱後，只能躲藏在事先已準備好的藏匿地點。當房間的雜物愈少，蛇可以躲藏的地方愈少，就愈有可能躲到事先準備好的藏匿地點，要找回逃出的蛇就會容易許多。

●飼養生性隱密的蛇類，最好準備供其躲藏的物品。

改善生活舒適度

　　飼養箱的佈置也很重要，蛇類生性隱密，所以一定要準備供其躲藏的物品，如瓦片、破碗、木盒等，牠們才能在飼養箱內過較舒適的生活。飼養樹棲蛇類時，最好提供可以攀爬或停棲的樹枝。如果講求賞心悅目，可以進一步將飼養箱佈置成接近其

●賞心悅目的生態
飼養箱。

生態環境，否則箱底鋪上大小適中的報紙，清理其糞便時反而最省力。

水盆也是飼養箱內另一項必備的設施，少數的樹棲蛇類似乎無法找到水盆，偶爾用噴霧器向箱內的蛇噴灑一些小水滴，也是不錯的做法。另外，箱內的一角最好有個熱源，因蛇是冷血動物，仰賴外界的熱源來提高體溫，而飼養箱內的熱源，讓蛇可以依據需求將體溫調節至最適值。雖然每一種蛇偏好的溫度範圍並不一樣，一般來說，箱內若能提供20～35℃的溫度範圍就足夠了。簡單的熱源可以用燈泡，市面上亦可買到較專門的設備，加熱片、加熱石、或紅外線加熱器等。

餵食正常毋煩惱

蛇是冷血動物，對於食物的需求量不大，因此一般只要一、兩週餵食一次就夠了，不過，幼蛇因正值發育成長期，可以增加餵食頻度，每週餵食兩次左右。食物的大小和季節當然也會影響攝食頻度，溫帶的蛇類有較清楚的研究資料，牠們一年只需攝食體重二至四倍的食物量就夠了；坐等型的蛇類，如銅頭蝮消耗的能量較少，一年的食物量只需體重的兩倍；四處遊獵型的蛇類，如遊蛇消耗的能量較多，一年的食物量約需體重的四倍。亞熱帶和熱帶的蛇類也許會需要稍

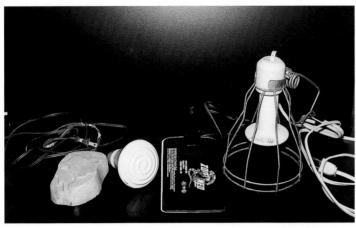

●飼養箱內的熱源可以讓蛇依據需求調適體溫。圖為加熱片、加熱石以及紅外線加熱器等設備。

多的食物量，但最簡單的方法是，發現吞入的食物已不再將肚子撐得鼓鼓時，就可以試著再餵食了。

　　另外，也可用體重做為是否餵食，甚至於是否應強迫餵食的衡量依據。雖然無確切的數據，可以告訴我們體重下降到什麼程度，該餵食或強迫餵食，但當體重持續微微上升，或只是小幅度的波動時，就表示蛇的餵食正常，不用擔心！如果體重持續下降，便代表攝食量不足。如果連續三個月體重一直下滑，則應多注意其健康狀況，在冬季這樣的狀況尚可視為正常，若發生在其他的季節，且蛇已有好多次未攝食的紀錄，這時可以考慮嘗試強迫餵食。

　　強迫餵食時，食物宜先弄死，以利食物推入蛇的口內。用一手輕握住蛇的頭部後方，另一手持鈍頭的鑷子夾住食物，直接以夾在鑷子上的食物去推開蛇嘴，並將食物放入其口內。鑷子放開時，蛇會暫時咬住食物，這時鑷子再夾住蛇口腔外的食物，慢慢往內推一點。如果蛇的健康情況尚可，不需要將全部的食物推入，輕輕的放下口中還含著食物的蛇，牠就會自行開始吞食；健康情況已較差的個體，常

●強迫餵食時，直接以夾在鑷子上的食物去推開蛇嘴，然後將食物放入其內。

常需將全部的食物推進蛇的頸部之後，否則一放開後，蛇很快就會丟下口內的食物。市面上也有販售強迫餵食的注食器，要將食物先打成泥狀，再從注射筒打入蛇的食道內，處理起來較噁心，但方便許多。

低溫刺激易繁殖

許多蛇類在冬天時，雖不一定會有真正的冬眠反應，但在自然的環境裡，大多會經歷低溫的時期，在人為的飼養環境下，則不一定會經歷低溫的時期。曾有研究發現許多溫帶蛇類若一直在溫和的溫度下飼養，隔年春天就不會有生殖活動。因此若要讓飼養的蛇類成功生殖，冬季將牠們暴露在低溫的環境是很重要的步驟。要讓蛇在人工的環境下經歷低溫的刺激，最好在開始降溫前數週就停止餵食，等蛇消化完其食物，並排清糞便後，再開始慢慢降低蛇的飼養溫度。溫度降低後，蛇的許多酵素，如消化酵素的作用會變慢，甚至於完全停頓，但有些細菌在低溫下仍可以繼續分解食物。有些蛇在胃內尚有食物時，若遇到突來的低溫，會將食物嘔吐出來，但有些不會，如果胃內未消化的食物持續被細菌分解，產生的毒素便可能毒死那條蛇，所以降溫前先禁食，對蛇較有保障。降溫的速度要多慢沒有定論，只要逐漸在兩、三週的時間內，從 25℃ 降到 10℃ 左右即可。蛇在低溫的情況下，仍有喝水的行為，所以應繼續為其準備水盆。

除了在冬季利用低溫刺激飼養的蛇類，可能有助於其生殖之外，讓蛇順利生產的技巧，有時看不出有何道理，改變飼養環境或增加不同的刺激，都可能產生意想不到的效果。改變飼養環境，包括更換飼養箱內的小道具或裝飾，甚至更換新的飼養箱。至於增加刺激的方式，則可以讓雌蛇看到爭鬥的雄蛇，或運用不同的組合將一些蛇混在一起。美國的達拉斯動物園在 1970 年代末期，開始運用這些小技巧，結果交配的行為和生產的情況都顯著改善，在短短五年內，他們成功的使 65 種蛇類在其飼養的環境繁殖。

台灣蛇類研究史

台灣蛇類的研究史約可分為三個時期，即西方人拓荒期、日本人奠基期和台灣本土研究期。其中，早期的西方人拓荒期和中國大陸的研究史密不可分。

西方人拓荒期

西方人在中國採集記錄動物的年代，可遠溯至 13 世紀的馬可孛羅（1254～1324 年），他的遊記裡記錄了不少棲息於大陸的脊椎動物，但當時林奈尚未創立二名法，並沒有統一的生物命名，因此無法確切辨識馬可孛羅所記錄的種類，但可知道雲南有毒蛇和大蟒，他在第 118 章描述哈剌章州時提及：「此州出產毒蛇大蟒，其軀之大足使見者恐怖……其身長有至十步者……無足而有爪……其口之大足吞一人全身……」

林奈的自然系統分類（Systema Nature）出版於 1766 年，正值清朝乾隆皇帝在位期間（1736～1796 年），此時已有一些西方商人和傳教士在中國境內活動，其中一位正是林奈的學生奧斯別克（Peter Osbeck），他的商船曾在珠江口停留四個月，返回瑞典後在 1757 年出版一本遊記，裡面曾描述到一些中國的兩生爬行動物，如虎皮蛙和無疣蝎虎。

在隨後的年代裡（18 世紀末到 19 世紀初），不少西方的商人、傳教士和自然學者，開始將大量的動物標本送回他們的博物館鑑定收藏，許多新種的兩生爬行動物陸續被記錄發表，例如雷姆（John Reeve）和他的兒子小雷姆（John J. Reeve）都是東印度公司的職員，他們採得的標本多寄回大英博物館由葛雷（John Gray）鑑定發表。唐水蛇——

●斯文豪是早期台灣脊椎動物研究的重要人物。（圖片出自 "Ibis"，1908 年）

Enhydris chinensis（Gray, 1842）就是小雷姆在中國採獲，而由葛雷鑑定發表。

1842 年鴉片戰爭後，中國的門戶大開，香港也成為英國的殖民地，更多的西方人至中國搜集各類的動植物標本，同時也正式開啟西方人在台灣的動物研究，其中當然包括蛇類。丹麥籍的自然學者坎佗（Theodore Cantor），在鴉片戰爭中原是英國戰艦上的外科醫生，戰後他在中國採集兩生爬行動物，並發表了一些新種，例如在中國大陸和台灣都有的高砂蛇——*Elaphe mandarinus*（Cantor, 1842）和過山刀——*Zaocys dhumnades*（Cantor, 1842）都是坎佗在那時候發表命名的新種，所以這兩種學名後的括號內，都有他的姓氏和發表的時間。英國人斯文豪（Robert Swinhoe）則是台灣早期脊椎動物的研究中最重要的人物，他在 1854 年到香港擔任英國領事館的臨時通譯，並在 1856 年 3 月首度隨商船，到新竹香山附近停留兩週，兩年後又因搜尋船難失蹤的英國人，第二度來台，且有較長和較多地點的停留。1861 年 1 月他被任命為駐台副領事，前來淡水任職後，斯文豪便在台灣各處展開他的探險和採集之旅，他採集的許多標本，除了自己命名發表外，還有許多送回英國的大英博物館，由包林格（George A. Boulenger）和貢德斯（Albert Günther）協助鑑定發表，許多台灣動物的學名或命名者裡都有他們名字的痕跡，如斯文豪氏游蛇——*Rhabdophis swinhonis*（Günther, 1868）、斯文豪氏攀木蜥蜴（*Japalura swinhonis* Günther, 1864）和斯文豪氏赤蛙（*Rana swinhoana* Boulenger, 1903）等。

在那個兵荒馬亂的年代，許多西方人在台灣、大陸和東南亞之間遊走採集，各大博物館的分類權威，則忙著鑑定世界各地收來的標本。那時沒有人只集中於某個國家或地區採集研究，也不會侷限在某個動物類群裡鑽研，而台灣的蛇類基礎資料也在那紛亂的年代裡逐漸累積成長。斯文豪在 1863 年發表的《台灣爬行動物名冊》內，共記錄了 15 種爬行動物，其中有 7 種是蛇類；日本人統治台灣後，蛇類的種類數則持

續增加，1905 年羽鳥重郎（Juro Hatori）的《台灣產毒蛇調查報告書》已記錄了 8 種台灣的毒蛇，到了 1907 年，美國的兩生爬行動物學者，史丹吉（Leonhard H. Stejnegeri）發表的《日本和鄰近地區的兩生爬行動物》一書（Herpetology of Japan and Adjacent Territory），記錄的台灣蛇類增加至 26 種。

日本人奠基期

　　清光緒 20 年（1894 年）甲午戰爭失敗後，台灣割讓給日本，西方人在台灣的研究轉由日本學者取代，不過仍有少數的西方人士，持續在台灣的動物研究有顯著的貢獻。例如美國人湯普森（Joseph C. Thompson），他是美國海軍艦隊的隨艦醫生，在 1902～1910 年間，利用軍方在台灣海峽收集情報之便，採集了許多大陸沿岸和台灣的兩生爬行動物標本。返回美國後，湯普生成為加州科學院舊金山分館的榮譽館長（1912年），他採集的標本除了自己鑑定發表，也由同事范登堡（John Van Denburgh）鑑定發表。湯普生的別名是古寧（Victor Kuhne），所以有些物種是以古寧，而不是湯普生發表，台灣的古氏草蜥（*Takydromus kuehnei Van Denburgh*, 1909）就是他在關仔嶺採獲，而他的同事范登堡用古寧做為種名，所命名的物種；屬於台灣特有種蛇類的台灣鈍頭蛇——*Pareas formosensis*（Van Denburgh, 1909），其模式標本也是湯普生在關仔嶺採得，而由范登堡在 1909 年發表。另一位德國人梭德（Hans Sauter）則是動物採集家，來台時任職於南部的英商德記公司。他在台灣採集了大量的動物標本，送交歐美學者進行研究，直到一次大戰時，德日交惡才被迫去職，收入斷絕後乃結束採集工作，北上以擔任德文及鋼琴教師維生，因娶日本人為妻，去世前皆住在台灣，

●大島正滿（右一）曾發表或出版不少關於台灣蛇類的報告和書籍。（圖片出自《タイヤルは招く》，1935 年）

●杜聰明開啟台灣的蛇毒研究。
（蔡蔭和 提供）

1942 年在大稻埕陋屋內終老。台灣的梭德氏游蛇——*Amphiesma sauteri sauteri*（Boulenger, 1909）和帶紋赤蛇——*Calliophis sauteri*（Steindachner, 1913），都是他最早在台灣採獲被命名的物種。

和前一個時期比起來，這時期的研究人員，除了較集中力氣在台灣的物種之外，他們各自的專長興趣，也已逐漸分化到不同類群的動物。不過有些學者的興趣仍很廣泛，如大島正滿（Masamitsu Oshima），他本來的專長是白蟻，後來曾涉足鳥類，最後則以魚類的研究做為博士論文，並因為櫻花鉤吻鮭的研究而名聲遠播，後人提到大島正滿時，常只想到他對台灣魚類研究的貢獻，而忽略了他對台灣蛇類研究也一樣貢獻良多。他在 1909～1920 年間發表了不少台灣蛇類的報告和書籍，如《台灣產蛇類解說》、《台灣蛇類目錄》、《台灣產海蛇圖說》、《台灣產海蛇》、《台灣產蛇類種名訂正》和《台灣琉球毒蛇圖說》等。台灣的特有種蛇類，菊池氏龜殼花（*Trimeresurus gracilis Oshima*, 1920）就是他命名的。不過，菊池氏龜殼花是專業的動物採集者——菊池米太郎（Yonetaro Kikuchi）首先在能高山採獲的。菊池米太郎在 1906 年來到台灣，擔任總督府殖產局動物採集和標本製作的負責人。他在台灣的 16 年內，足跡遍及全島，還到過蘭嶼、綠島和澎湖等離島，採獲了許多重要的物種，如帝雉。在台灣早期脊椎動物的發現史上，菊池米太郎和斯文豪是公認最重要的兩位人物，除了菊池氏龜殼花之外，菊池氏守宮——*Gekko kikuchii*（Oshima, 1912）、菊池氏細鯽——*Aphyocypris kikuchi*（Oshima, 1919）和菊池氏田鼠（又名高山田鼠，*Microtus kikuchii* Kuroda, 1920）都可見到他的姓氏。

另外有兩位日本人對蛇類也情有獨鍾，一位是高橋精一

（Seiichi Takahashi），一位是牧茂市郎（Moichiro Maki）。高橋精一是藝術家，在淡水中學教授美術，但是他對蛇類也深感興趣，台灣的瑪家龜殼花（*Trimeresurus makazayazaya Takahashi*, 1922），又名阿里山龜殼花，最早就是由他根據來自屏東縣瑪家鄉的標本命名的。他也在1922和1930年，分別出版《日本的毒蛇》和《日本的陸棲蛇類》兩本書，其中也包含台灣的蛇類，只是高橋精一畢竟不是專業的分類學者，他的書有不少種類錯誤的情況。牧茂市郎則是專業的兩爬學者，1911年任職於台灣的農業試驗場，1926年回日本京都帝國大學深造，雖然他也撰寫蜥蜴和兩生類的書籍，但其主要興趣還是在蛇類，所以1931年出版的《日本蛇類專題論文》，也成為他最主要的著作，並因該書而獲得理學博士的學位，書內除了命名一些台灣新種的蛇類，如標蛇和金絲蛇，也整理出60種（含亞種）棲息於台灣的蛇類。

到此，台灣蛇類的名錄已大致完成。十年後（1941年）日人堀川安市所著作的《台灣の蛇》，以及台灣光復後陳兼善先生在1956年出的《台灣脊椎動物誌》所列的蛇種，都和牧茂市郎的著作相去不遠。

在日治時代，也有少數的台灣人在蛇類研究上具有顯著的貢獻，他們是杜聰明博士和他的門生——邱賢添、李鎮源和彭明聰等人。其中杜聰明在1922年獲得京都帝大的博士學位，並在同年升任教授，他是台灣第一位醫學博士。在建立自己的實驗室後，杜聰明將蛇毒的研究訂為重要的研究方向之一，除了詳細整理台灣毒蛇的傷人案例，也開始研究蛇毒的組成和毒理作用，是台灣蛇毒研究的開創者。

台灣本土研究期

台灣光復以後，杜聰明忙於行政事務，蛇毒的研究由李鎮源主導，他和門生張傳炯及歐陽兆和深入研究蛇毒的作用機制，相關的研究人員，如楊振忠和羅銅壁也紛紛加入整個蛇毒研究的大團隊（詳閱楊玉齡和羅時成著《台灣蛇毒傳

●李鎮源院士是台灣的蛇毒大師。
（李淑玉 提供）

奇》）。台灣的蛇毒研究逐漸在國際上綻放光彩，李鎮源並在 1976 年獲頒雷理獎，那是國際毒素學會最高榮譽的獎項。然而，除了蛇毒的研究之外，台灣蛇類的其他研究，如分類、生理、生態和演化等，幾乎處於停滯的狀態，只有國防醫學院的毛壽先教授，曾在 1960 年代發表一些蛇類形態和分類的論文，他的研究後來以台灣毒蛇的分類和演化為主，在 1980 年和陳本源合著《台灣海蛇之研究》，並在 1993 年出版《台灣常見陸地毒蛇之研究》。

台灣兩生爬行動物的基礎生態研究，在 1970 年代末才逐步展開，師大的呂光洋、台大的林曜松和東海大學的林俊義，率領其學生做野外調查工作。他們帶領的有些學生在國內外取得博士學位後，便在 1980 年代末至 1990 年代加入研究的行列，目前國內研究兩生爬行動物的生態、生理、行為或演化的研究人員，幾乎都直接或間接出自於這三個實驗室。

從光復之後沉潛近 30 年，台灣的兩生爬行動物名錄才又被逐步的清查，從未再出現的可疑種類漸被除名，同種異名的種類被合併，新的物種也陸續被發現。此外，某些種類的生活史、族群生態、遺傳演化或生理適應也逐漸有研究報告。不過，除了台灣本土的學者逐漸有新的成果之外，極少數的外國人也有顯著的貢獻，最值得一提的是日本人太田英利（Hidetoshi Ota）。他目前是日本琉球大學熱帶生物圈研究中心的教授兼主任，從研究生時期（1980 年左右），便常隻身到台灣來進行採集和研究的工作，發表了百篇以上的學術論文，也常探討台灣兩生爬行動物的分類及基礎生活史，因此台灣兩生爬行動物的研究人員對太田英利都不陌生。他和陳賜隆、向高世，在 1998 年發表了新種的呂氏攀蜥（*Japalura luei*），為了紀念呂光洋老師這些年來在台灣兩生爬行動物的

貢獻，便將「呂」（Lue）拉丁化後放在種名內，這是首次本土研究人員的姓氏，出現在兩生爬行動物的種名上。

在本土兩生爬行動物的研究正蓬勃發展之際，蛇類的研究人力卻特別單薄，除了因為蛇的隱蔽性高，不易取得足夠的樣品數做研究之外，多數人因誤解而恐

●太田英利（右一）常探討台灣兩生爬行動物的分類及基礎生活史，從研究生時期，便常隻身來台灣調查研究。
（Hidetoshi Ota 提供）

懼蛇的心理，也讓研究人員裹足不前，國內目前只有筆者和毛俊傑博士的實驗室以蛇類為主，研究其基礎生活史和生態適應的問題。蛇類生態的研究成果或人力，遠不及其他類群的陸上脊椎動物，其實不是國內特有的現象，全世界的蛇類生態研究，長年以來就一直處於劣勢，直到 1990 年以後，蛇類生態的相關研究才快速增加，並在 1997 年以後趕上其他類群的脊椎動物。澳洲的兩生爬行動物學者，向恩（Richard Shine）提出了一些可能的原因，其中筆者認為較重要的是：1. 研究技術的改良，如無線電發報器的改善，使研究人員能在野外追蹤這群隱蔽性很高的生物，而有利於生態實驗的推展。2. 環境教育的普及，使一般人較能接受這群被基督徒視為邪惡的動物。3. 環境的破壞和物種的迅速滅絕，使人類意識到生物多樣性的重要，並改變原來只注重保育少數物種的做法，而長期受到忽視的物種則得以受到關注。4. 其他類群動物的研究逐漸飽和，蛇類還有較大的發展空間。台灣的許多研究和發展都在先進國家之後，但願蛇類的生態研究也能急起直追，縮短落後的差距，趕上世界的趨勢。

現生蛇類分類表 ★表示台灣有此科之原生蛇類

蛇亞目	盲蛇次亞目		**齒盲蛇科**（Anomalepididae，4 屬 15 種） 　　除了上下頜都有牙齒以及不具有腰帶之外，齒盲蛇和其他兩科的盲蛇非常相似，牠們多呈棕黑色，有些種類有白色或黃色的頭部或尾部。此科蛇類侷限分布在中、南美洲，其生態和基礎生活史幾乎仍未知。
			★盲蛇科（Typhlopidae，6 屬 203 種） 　　本科的蛇只有上頜有牙齒，其科名源自希臘的 "typhlos"，是盲目的意思。牠們在盲蛇次亞目內有最多的種類和最廣的分布範圍，全世界的熱帶和亞熱帶地區幾乎都有分布，且澳洲和許多偏遠的小島也有牠們的蹤影。盲蛇都生活在地底下，以螞蟻、白蟻或牠們的幼蟲為食，也可能捕食其他的小型無脊椎動物。
			細盲蛇科（Leptotyphlopidae，2 屬 87 種） 　　體型較一般的盲蛇細長，"leptos" 是希臘文，為細的意思。牠們的體鱗列數較少，上頜都沒有牙齒，且固定於頭骨上，下頜才有牙齒。牠們的生活習性和盲蛇科的蛇類相似。從北美洲南邊的加州和德州，到中南美洲和非洲及中亞都有分布。
	真蛇次亞目	原蛇類群	**筒蛇科**（Aniliidae，1 屬 1 種） 　　身體橫切面都呈圓形，且頭尾都是鈍圓形，像條管子而得名。具有一些原始蛇類的特徵，如退化的大腿骨和腰帶；眼睛細小沒有眼窗，由一片超過眼球範圍的透明鱗片覆蓋其上；腹鱗只比體鱗大一些。但左肺已明顯退化，此特徵較像晚期演化的蛇類。
			圓尾蛇科（Uropeltidae，10 屬 56 種） 　　分成管蛇和圓尾蛇兩類。管蛇只分布在東南亞地區，有腰帶和眼窗。而圓尾蛇只分布在印度和斯里蘭卡，其腰帶已消失，且穴居的適應非常明顯，譬如頭部扁而尖，且頭骨各骨片的連接更緊密，最特別的是，牠們的尾巴像被斜切一樣，呈一橢圓形，上面還有特化的鱗片，看起來像頭部，尖形的頭反而易被誤認為尾部。

閃鱗蛇科（Xenopeltidae，1屬2種）

最大的特色是鱗片非常光滑，且常閃爍著金屬光澤。牠們是穴居蛇類，不常出現在地表，頭吻部扁尖呈鏟子狀，以利鑽土。腰帶已消失，但左肺還存在。只分布在東南亞和中國南部。

（Wolfgang Grossmann 攝）

穴蟒科（Loxocemidae，1屬1種）

早期認為穴蟒（*Loxocemus bicolor*）是某一種蟒蛇，所以名稱有「蟒」字，但蟒蛇都分布在舊大陸，穴蟒卻生活在新大陸的墨西哥，後來有專家認為牠和閃鱗蛇（*Xenopeltis unicolor*）的關係最近，所以穴蟒又曾數度被歸在閃鱗蛇科內，最近則獨立成科。穴蟒和閃鱗蛇一樣尚具有左肺，不一樣的是牠的腰帶尚存。

蚺蛇科（Boidae，24屬108種）

包含所有的大蟒蛇和蚺蛇，但有些種類的體型屬於中小型。除了少數穴居的種類，牠們的頭和身體已可明顯區隔，嘴巴也像新蛇類群那樣可以充分張開，腹鱗更加明顯，雖然還不像新蛇類群那麼大片。不過，蚺蛇科仍保有一些原始的特徵，如具有腰帶和退化的後肢。其中蚺蛇是胎生，大多分布在新大陸，少數則在馬達加斯加島；而蟒蛇是卵生，分布在非洲、東南亞和澳洲，雖然有學者將牠們區分為蚺蛇科和蟒蛇科（Pythonidae），但本書採用其他學者的看法，將牠們併在同一科內。

熱帶蚺科（Tropidophiidae，4屬21種）

分布在中南美洲、加勒比海島，原本被視為蚺蛇科的成員，最近則獨立出來。熱帶蚺具有發達的氣管肺、左肺明顯退化，且有些種類的雌蛇已沒有腰帶，這些特徵都和蚺蛇不同。

圓島蚺科（Bolyeriidae，2屬2種）

分布於南印度洋的模里西斯群島，原本亦被視為蚺蛇科，近來獨立為一科。牠和蚺蛇不同之處在於，左肺明顯退化、沒有腰帶；而牠和熱帶蚺的差異則為，不具有發達的氣管肺、上顎兩邊癒合在一起。

| 蛇亞目 | 真蛇次亞目 | 原蛇類群 |

疣鱗蛇科（Acrochordidae，1 屬 3 種）

生活在淡海水交界的水域，鱗片和其他蛇類不同，細小突兀，因而得名。牠全身軟趴趴、皮膚鬆垮垮，像沙皮狗的皮膚，一點都不像其他新蛇類群的蛇，和其他蛇的親緣關係也一直搖擺不定，所以有的學者認為牠們是介於蚺蛇和新蛇類群的過渡蛇類。

★黃頜蛇科（Colubridae，290 屬 1700 種）

現生蛇類種類最多的一科，已適應各種生態環境，除了澳洲大陸，在世界各地都是優勢的類群。分類學家經常稱這類大種群為「垃圾桶群」，因為許多不知道該放那裡的種類都歸到這裡來，牠們彼此的親緣關係非常複雜，未來會再分成幾群還不清楚。

穴蝰科（Atractaspididae，14 屬 65 種）

穴蝰、蝮蛇和蝙蝠蛇三科毒蛇中，以穴蝰的種類數最少，侷限分布在非洲和中東地區。早期認為穴蝰源自蝮蛇，而以蝰命名，但新的證據顯示牠們和蝙蝠蛇及黃頜蛇較相近。

★蝙蝠蛇科（Elapidae，63 屬 272 種）

包括人們所熟悉的眼鏡蛇、雨傘節、珊瑚蛇和海蛇，除了緯度和海拔稍高的地區沒有發現之外，分布幾乎遍及全球。海蛇曾從蝙蝠蛇科內被獨立出來為海蛇科（Hydrophiidae），但新的研究認為牠們並非來自同一個祖先，而是由兩群重新回到海洋的澳洲蝙蝠蛇類演化而來，所以不宜獨立成科。

★蝮蛇科（Viperidae，30 屬 230 種）

另一群世界性分布的蛇類，唯獨澳洲大陸沒有牠們的蹤跡。牠們對溫度的適應比蝙蝠蛇類強，不但可以棲息在緯度較高的地區，也是海拔分布最高的蛇類，而且在沙漠環境也適應良好。蝮蛇科可能源自亞洲，台灣的百步蛇、龜殼花等都是這一類的蛇，後來經過白令海峽的陸橋到達美洲，並演化成著名的響尾蛇。因此蝮蛇科之下又分成兩亞科，一為響尾蛇亞科，具有兩個對熱非常靈敏的感熱窩；二為沒有感熱窩的蝮蛇亞科，如台灣的鎖蛇。

蛇亞目

真蛇次亞目

新蛇類群

台灣蛇類名錄 ●保育類　●特有種　●特有亞種

蛇亞目 Serpentes

　盲蛇次亞目 Scolecophidia

　　盲蛇科 Typhlopidae

　　　　盲蛇 *Ramphotyphlops braminus*（Daudin, 1803）

　　　　大盲蛇 *Typhlops koshunensis* Oshima, 1916

　真蛇次亞目 Alethinophidia

　　黃頷蛇科 Colubridae

　　　林蛇亞科 Boiginae

　　　　大頭蛇 *Boiga kraepelini* Stejneger, 1902

　　　　茶斑蛇 *Psammodynastes pulverulentus*（Boie, 1827）

　　　兩頭蛇亞科 Calamarinae

　　　　鐵線蛇 *Calamaria pavimentata* Duméril, Bibron, and Duméril, 1854

　　　黃頷蛇亞科 Colubrinae

　　　　青蛇 *Cyclophiops major*（Günther, 1858）

　　　　臭青公 *Elaphe carinata*（Günther, 1864）

　　　　灰腹綠錦蛇 *Elaphe frenata*（Gray, 1853）

　　　●高砂蛇 *Elaphe mandarina*（Cantor, 1842）

　　　●紅竹蛇 *Elaphe porphyracea nigrofasciata*（Cantor, 1839）

　　　●錦蛇 *Elaphe taeniura* Cope, 1861

　　　　細紋南蛇 *Ptyas korros*（Schlegel, 1837）

　　　　南蛇 *Ptyas mucosus*（Linnaeus, 1758）

　　　　過山刀 *Zaocys dhumnades*（Cantor, 1842）

　　　水蛇亞科 Homalopsinae

　　　　唐水蛇 *Enhydris chinensis*（Gray, 1842）

　　　　水蛇 *Enhydris plumbea*（Boie, 1827）

　　　白環蛇亞科 Lycodontinae

　　　　紅斑蛇 *Dinodon rufozonatum*（Cantor, 1842）

　　　　白梅花蛇 *Lycodon ruhstrati*（Fischer, 1886）

　　　　赤背松柏根 *Oligodon formosanus*（Günther, 1872）

　　　　赤腹松柏根 *Oligodon ornatus* Van Denburgh, 1909

　　　　福建頸斑蛇 *Plagiopholis styani*（Boulenger, 1899）

　　　水游蛇亞科 Natricinae

　　　●●金絲蛇 *Amphiesma miyajimae*（Maki, 1931）

　　　　梭德氏游蛇 *Amphiesma sauteri sauteri*（Boulenger, 1909）

　　　　花浪蛇 *Amphiesma stolata*（Linnaeus, 1758）

擬龜殼花 *Macropisthodon rudis rudis* Boulenger, 1906

●史丹吉氏斜鱗蛇 *Pseudoxenodon stejnejeri* stejnegeri Barbour, 1908

●●斯文豪氏游蛇 *Rhabdophis swinhonis*（Günther, 1868）

●●台灣赤煉蛇 *Rhabdophis tigrinus formosanus*（Maki, 1931）

赤腹游蛇 *Sinonatrix annularis*（Hallowell, 1856）

●白腹游蛇 *Sinonatrix percarinata suriki*（Maki, 1931）

草花蛇 *Xenochrophis piscator*（Schneider, 1799）

亞洲食蝸蛇亞科 Pareinae

●●台灣鈍頭蛇 *Pareas formosensis*（Van Denburgh, 1909）

劍蛇亞科 Sibynophinae

黑頭蛇 *Sibynophis chinensis chinensis*（Günther, 1889）

閃皮蛇亞科 Xenoderminae

●台灣標蛇 *Achalinus formosanus formosanus* Boulenger, 1908

●●標蛇 *Achalinus niger* Maki, 1931

蝙蝠蛇科 Elapidae

蝙蝠蛇亞科 Elapinae

●雨傘節 *Bungarus multicinctus multicinctus* Blyth, 1861

●環紋赤蛇 *Calliophis macclellandi*（Reinhardt, 1844）

●●帶紋赤蛇 *Calliophis sauteri*（Steindachner, 1913）

●眼鏡蛇 *Naja naja atra* Cantor, 1842

海蛇亞科 Hydrophiinae

飯島氏海蛇 *Emydocephalus ijimae* Stejneger, 1898

青環海蛇 *Hydrophis cyanocinctus* Daudin, 1803

黑頭海蛇 *Hydrophis melanocephalus* Gray, 1849

黑背海蛇 *Pelamis platurus*（Linnaeus, 1766）

闊尾海蛇亞科 Laticaudinae

黃唇青斑海蛇 *Laticauda colubrina*（Schneider, 1799）

黑唇青斑海蛇 *Laticauda laticaudata*（Linnaeus, 1758）

闊帶青斑海蛇 *Laticauda semifasciata*（Reinwardt, 1837）

蝮蛇科 Viperidae

響尾蛇亞科 Crotalinae

●百步蛇 *Deinagkistrodon acutus*（Günther, 1888）

●龜殼花 *Protobothrops mucrosquamatus*（Cantor, 1839）

●●菊池氏龜殼花 *Trimeresurus gracilis* Oshima, 1920

●●瑪家龜殼花 *Trimeresurus makazayazaya* Takahashi, 1922

赤尾青竹絲 *Trimeresurus stejnegeri stejnegeri* Schmidt, 1925

蝮蛇亞科 Viperinae

●鎖蛇 *Daboia russellii siamensis*（Smith, 1917）

【中名索引】
收錄圖鑑的科名、正式中名、俗名

【英名索引】

收錄圖鑑的科名、學名、俗名

【主要參考書目】

毛壽先、陳本源 1981 台灣海蛇之研究。國防部軍醫局、台北，62pp。

吳永華 1996 被遺忘的日籍台灣動物學者。晨星出版社、台中，320pp。

吳永華 2001 台灣動物探險。晨星出版社、台中，317pp。

呂光洋、杜銘章、向高世 1999 台灣兩棲爬行動物圖鑑。中華民國自然生態保育協會大自然雜誌社、台北，343pp。

施翠峰 1990 台灣原始宗教與神話。國立歷史博物館、台北，198pp。

張心龍 1990 神話‧繪畫：希臘羅馬神話與傳說。雄師圖書有限公司、台北，174pp。

程羲 1984 埃及神話故事。星光出版社、台北，161pp。

覃公平 1998 中國毒蛇學。廣西科學技術出版社、南寧，776pp。

楊玉齡、羅時成 1996 台灣蛇毒傳奇──台灣科學史上輝煌的一頁。天下文化、台北，404pp。

趙爾密、黃美華、宗愉 1998 中國動物誌──爬行綱第三卷有鱗目蛇亞目。科學出版社、北京，522pp。

歐東明 2002 佛地梵天──印度宗教文明。四川人民出版社、成都，292pp。

Bauchot, R. 1997 Snakes—A natural history. Sterling Publishing Co., Inc., New York 220pp.

Bellairs, A. 1970 The life of reptiles Volume I, II. Universe Books, New York 590pp.

Coborn, J. 1991. The atlas of snakes of the world. T.F.H. Publications Inc. Neptune City 591pp.

Ernst, C.H. and G.R. Zug 1996 Snakes—In question. Smithsonian Institution Press, Washington 203pp.

Greene, H.W. Snakes—The evolution of mystery in nature. University of California Press, Berkeley 351pp.

Heatwole, H. 1999 Sea snakes. Krieger Publishing Company, Malabar 148pp.

Mattison, C. 2002 The encyclopaedia of snakes. Cassell Paperbacks, London 256pp.

Morris, R. and D. Morris 1965 Men & Snakes. McGraw-Hill company, New York 224pp.

Rossman, D.A., N. B. Ford and R. A. Seigel 1996 The garter snakes—Evolution and ecology. University of Oklahoma Press, Norman 332pp.

Schulz, K.D. 1996 A monograph of the Colubrid snakes of the genus Elaphe Fitzinger. Koeltz Scientific Books, Havlickuv Brod 438pp.

Seigel, R.A., J.T. Collins and S.S. Novak 1987 Snake—Ecology and evolutionary biology. Macmillan Publishing Company, Toronto 529pp.

Seigel, R.A. and J.T. Collins 1993 Snakes—Ecology and behavior. McGraw-Hill company, New York 414pp.

【圖片來源】
（數字為頁碼）

◎封面設計／唐亞陽

◎全書照片（除特別註記）／杜銘章‧黃淑芬

◎ 18～19 ／陳春惠繪（參考 "Lizards—Windows to the evolution of diversity" 繪製，作者 Pianka, E. R. and L. J. Vitt）

◎ 29、47、51、54、56、62、91、160 ／黃崑謀繪

◎ 27 ／陳春惠繪

◎ 61 ／黃崑謀繪（參考 "Snakes—A natural History" 繪製，作者 Bauchot Roland）

◎ 164 ／陳春惠繪（參考 "Men & Snakes" 繪製，作者 Morris R. and D. Morris）

　　從和多數人一樣，有點怕蛇，到真心喜愛蛇，我對蛇態度的轉變並非一蹴所幾，而是長期下來，逐漸接觸並認識牠們的結果。大學開始與蛇類正式接觸，之後的碩博士論文也都以蛇為研究題材，和蛇相處竟已有 25 年的時間。25 年前正是國內野生動物保育剛起步的年代，我在規劃中的墾丁國家公園內抓到一隻百步蛇，當時報紙上登出一篇討論國內野生動物保育的評論，認為毒蛇猛獸這些會害人的動物不該保育。而今，虎、獅、豹、熊等猛獸的保育，已經獲得絕大多數人的認同，然而反對毒蛇或其他蛇類保育的觀念卻仍十分普遍。

　　出國進修前便立定要以蛇類研究和保育為終生的職志，回國以後，向國科會提出的第一個研究計劃也是以蛇類為研究的題材，至今雖偶會「出軌」做點其他動物的研究，但蛇類的研究一直沒有中斷，為蛇類保育奉獻心力的作為也始終持續著。改變人們對蛇類的錯誤認知，可說是保育蛇類的首要工作；而四處演講，則是我宣揚蛇類保育的起步。從聽眾的反應，我知道它是一個有效的方式。除了演講，寫作出書應該也是傳達正確知識和改變錯誤觀念的有效途徑，何況書能傳達的知識遠比一場演講多許多，還可以在需要時隨時拿出來參考。過去，許多聽眾或學生常會詢問有沒有進一步認識蛇類的參考書？遺憾的是，好的參考書多為外文書籍，而近年來市面上雖出現極少數翻譯的蛇書，則因當中的蛇大都不是我們周遭所能看到的，也不可能涉及與我們文化相關的課題，少了本土味的親切感，不容易帶動一般人進一步了解蛇類的動機。因此，寫一本既兼顧本土又能放眼世界的蛇書，這樣的想法早就在我的心中縈繞多年。在遠流出版公司的支持下，我終於展開這個蘊釀已久的工作。

　　向來認為，寫一本科普的書應該比在科學最前線做一個專題研究容易。因為後者要經過周密的實驗設計和冗長的資料收集分析，才能獲取一點點的新知；而寫書似乎只要將既有的知識彙整即可。然而彙整的工作卻比我想像中困難，除了知識的取捨有時不易決定外，如何深入淺出甚至趣味化才更令人費神。尤其當涵蓋面較廣時，已經深入特定領域的「博士」，竟有不「博」之嘆了。幸好不同領域的專家們，如台灣研究史專家吳永華、分類學博士陳世煌和蛇毒博士蔡蔭和等，都能不厭其煩的加以協助，才能在兼顧廣博的同時，亦不失專業與深度。

　　另一方面，圖片的取得也比我原本預期的要困難許多。原以為自己累積多年的數千幅蛇類攝影作品應足以應付此書的需求，但當文稿逐一完成時，卻發現，能精準解說且精采動人的彩圖時有或缺，於是補拍和調片的工作隨即展開。所幸許多單位或店家，如台北市立動物園兩爬館和兩爬收容中心、石尚化石博物館和華西街亞洲毒蛇研究所等都讓我從容拍攝，而國內外的許多師長、朋友，如李淑玉、蘇焉、黃光瀛、王緒昂、鄭陳崇、毛俊傑、李文傑、葉國政、呂理德和Gregory Sievert、Peter Mirtschin、Gernot Vogel、Mark O'Shea、Ashok Captain、Rom Whitaker、Hidetoshi Ota、Akira Mori、Masahiko Nishimura、Frank Tillack、Wolfgang Grossmann 等人，和印度的兩爬協會（Indian Herpetological Society），也都慨借其珍貴照片供我免費使用，或僅收取微薄的友情贊助費。另外，在 Ota教授的協助下，日本岩國市教育委員會還提供其天然紀念物：白蛇的相片在書中刊出。沒有他們鼎力相助，這本書會遜色不少。

　　最後要提的是，編輯工作也是我始料未及的繁雜與專業，雖非第一次出書，但以前遭遇的編輯都對筆者敬重有加，不敢多質問文稿內容，能仔細改改錯字已經是印象中的好編輯。而遠流的編輯群在討論文稿內容時，雖也會奉上好茶，但絕不會只是細校錯字而已，除了尖銳的問題逼得我不得不再詳閱群書，有時也只能承認自己才疏學淺、所知有限，忍痛割捨不成熟的論述。更厲害的是，她們竟「肆無忌憚」地重新剪貼，甚至增潤我的原稿，在不失原意的前提下，讓文稿變得更簡練有趣。走筆至此已近晚餐時分，我突發聯想，料多餡美工又細的食物肯定可口、受人歡迎，那麼，同理，費盡思量終於完成的本書，想必也會是膾炙人口的好書吧！

蛇類大驚奇：55個驚奇主題&55種台灣蛇類圖鑑／杜銘章著.
-- 三版. -- 臺北市：遠流出版事業股份有限公司, 2024.01

　　面；　公分. --（觀察家博物誌；TW019）

ISBN 978-626-361-386-7（平裝）

1.CST: 蛇

388.796　　　　　　　　　　　　　　　　　　112018042

觀察家博物誌 TW019

蛇類大驚奇——55個驚奇主題 & 55 種台灣蛇類圖鑑

作　者──杜銘章
總編輯──黃靜宜　　　　　美術設計──唐亞陽
編　輯──朱惠菁、蔡昀臻　美術行政統籌──陳春惠
校對協力──林鑫

發 行 人／王榮文
出版發行／遠流出版事業股份有限公司
地址：104005 台北市中山北路一段11號13樓
電話：（02）2571-0297
傳真：（02）2571-0197
郵政劃撥：0189456-1
著作權顧問／蕭雄淋律師
輸出印刷／中原造像股份有限公司
□ 2004年11月1日　初版一刷
□ 2024年 1 月1日　三版一刷
定價650元

遠流博識網
http://www.ylib.com
E-mail:ylib@ylib.com